Sandip Chakraborty

Corona Doenças virais do gado e das aves de capoeira

Sandip Chakraborty

Corona Doenças virais do gado e das aves de capoeira

ScienciaScripts

Imprint

Any brand names and product names mentioned in this book are subject to trademark, brand or patent protection and are trademarks or registered trademarks of their respective holders. The use of brand names, product names, common names, trade names, product descriptions etc. even without a particular marking in this work is in no way to be construed to mean that such names may be regarded as unrestricted in respect of trademark and brand protection legislation and could thus be used by anyone.

Cover image: www.ingimage.com

This book is a translation from the original published under ISBN 978-3-659-83366-3.

Publisher:
Sciencia Scripts
is a trademark of
Dodo Books Indian Ocean Ltd. and OmniScriptum S.R.L publishing group

120 High Road, East Finchley, London, N2 9ED, United Kingdom
Str. Armeneasca 28/1, office 1, Chisinau MD-2012, Republic of Moldova, Europe
Managing Directors: Ieva Konstantinova, Victoria Ursu
info@omniscriptum.com

Printed at: see last page
ISBN: 978-620-3-56216-3

ÍNDICE DE CONTEÚDOS

1. Resumo

A infeção por coronavírus é a principal causa de mortalidade de neonatos e adultos de muitos animais domésticos, animais de companhia e milhões de seres humanos nos países em desenvolvimento, além de causar grandes perdas económicas. A infeção simultânea com agentes patogénicos secundários pode aumentar a gravidade da doença. Os coronavírus não respeitam necessariamente as barreiras entre espécies. Embora os tratos respiratório e entérico sejam alvos comuns dos coronavírus, não se limitam a um órgão ou tecido-alvo específico e afectam todos os órgãos, incluindo o sistema nervoso, o sistema imunitário, os rins e o aparelho reprodutor. Os coronavírus economicamente significativos dos animais de criação incluem o coronavírus suíno (gastroenterite transmissível) e o coronavírus bovino, ambos causando diarreia em animais jovens. O coronavírus bovino (BCV) causa diarreia grave em vitelos recém-nascidos (CD) e está associado à disenteria invernal (WD) em bovinos adultos. Os coronavírus felino e canino estão disseminados entre as populações de cães e gatos, provocando as doenças fatais conhecidas como peritonite infecciosa felina (PIF) e infeção pantropical por coronavírus canino em cães e gatos, respetivamente. O vírus da bronquite infecciosa aviária (IBV) é um agente patogénico altamente infecioso e contagioso das galinhas domésticas que se replica principalmente no trato respiratório, mas também nas células epiteliais do intestino, dos rins e do oviduto. O vírus da hepatite do rato (MHV) provoca uma encefalomielite aguda que mais tarde se transforma numa doença desmielinizante fulminante crónica. O novo coronavírus humano, a síndrome respiratória aguda grave (SRA), é atualmente considerado um "agente patogénico emergente". A doença é auto-limitada por natureza. A maioria das infecções por coronavírus não é diagnosticada osed. No entanto, o diagnóstico baseia-se na microscopia imunoelectrónica, na serologia e no isolamento do vírus em linhas celulares HRT-18. Recentemente, o diagnóstico é efectuado utilizando técnicas de amplificação isotérmica mediada por laço (LAMP), RT-PCR e sequenciação ou hibridação genómica. Os coronavírus têm a propriedade de saltar para novas espécies hospedeiras e causar doenças emergentes em seres humanos, animais e aves de capoeira devido a mutações rápidas no vírus. Por conseguinte, para a prevenção, é necessário adotar boas práticas de gestão, juntamente com a vacinação das mães para proteger as crias, em combinação com estratégias profilácticas de nova geração, incluindo vacinas de ADN, vacinas de subunidades e partículas semelhantes a vírus (VLPs), que induzem níveis suficientes de imunidade passiva. Para além da infeção nos animais, os coronavírus dos animais e dos morcegos têm um significado zoonótico, uma vez que criam uma maior importância para a saúde pública. Nesta revisão, foram feitos esforços para realçar a importância e a prevalência da doença em animais domésticos, humanos, murinos, morcegos e aves, a sua patogénese juntamente com medidas preventivas, caraterísticas salientes dos coronavírus e as suas capacidades de transmissão inter-espécies e uma descrição concisa das implicações zoonóticas da infeção em vários animais domésticos e aves de capoeira.

Palavras-chave: Coronavírus, bovino, suíno, canino, transmissão inter-espécies, diagnóstico, vacina

2. Introdução

Desde há muito tempo que se tem observado que os animais jovens sucumbem a agentes infecciosos no período neonatal, afectando assim negativamente a estabilidade económica de muitos empreendimentos de criação de animais. Entre as doenças infecciosas dos vitelos, a diarreia neonatal é uma questão de grande preocupação, sendo os agentes etiológicos responsáveis por esta condição múltiplos, incluindo *Escherichia coli,* espécies de *Salmonella, Clostridium perferingens,* rotavírus, coronavírus, *Cryptosporidium* e *Coccidia* (Holland, 1990; Swain e Dhama, 1999; Gumusova *et al.,* 2007; Dhama *et al.,* 2009; Deb *et al.,* 2012). Se a infeção pelo vírus corona ocorrer em combinação com *E. coli* ou rotavírus, a taxa de mortalidade pode ser elevada. Vários outros factores, como a desidratação, o ambiente não higiénico, as variações de temperatura ou o arrefecimento durante o inverno e a elevada densidade populacional nas explorações podem também aumentar a gravidade da doença (Woode, 1978).

O género Coronavirus (CoV) pertence à *família* Coronaviridae da ordem *Nidovirales.* Trata-se de um grande vírus envelopado, com um diâmetro de 100 a 120 nm, uma partícula aproximadamente esférica com um genoma de ARN de cadeia simples de sentido positivo, linear, não segmentado, encapsulado e poliadenilado, com 27-32 kb de comprimento, encapsulado num nucleocapsídeo helicoidal. O invólucro é derivado das membranas intracelulares do hospedeiro e contém uma coroa caraterística de espículas em forma de taco amplamente espaçadas, com 12 a 24 nm de comprimento. Os coronavírus infectam uma variedade de animais de criação, aves de capoeira e animais de companhia, nos quais podem causar perturbações multissistémicas graves e frequentemente fatais que envolvem os sistemas respiratório, digestivo, cardiovascular e nervoso [Lai, 2001].

Os CoV são classificados em 3 grupos com base nas propriedades antigénicas e genéticas [Enjuanes, *et al.,* 2000]. O grupo 1 contém o vírus da diarreia epidémica porcina (PEDV), o vírus da gastroenterite transmissível porcina (TGEV), o coronavírus canino (CCoV), o vírus da peritonite infecciosa felina (FIPV), o coronavírus humano 229E (HCoV-229E) e o coronavírus humano NL63 (HCoV-NL63) e o coronavírus do furão recentemente identificados (Wise, 2006). Atualmente, os CoVs do grupo 2 estão organizados em vírus do tipo bovino (subgrupo 2a) e vírus do tipo síndrome respiratório agudo grave (SARS) (subgrupo 2b). Os membros do subgrupo 2a são o coronavírus bovino (BCoV), o vírus da hepatite murina (MHV), o coronavírus bovino (BCoV), o coronavírus humano OC43 (HCoV-OC43) (Vabret *et al.,* 2003), o vírus da sialodacrioadenite do rato (SDAV), o vírus da encefalomielite hemaglutinante suína (PHEV), o coronavírus respiratório canino (CRCoV) (Erles *et al,* 2003) e o recém-reconhecido coronavírus entérico humano (HECV) 4408 (Enjuanes,

2000), o coronavírus equino (ECoV) (Guy, 2000), o HCoV HKU1 (Woo, 2005), o coronavírus respiratório canino (CRCoV) e o coronavírus do coelho (Lau, 2012a). O SARS-CoV, inicialmente definido como protótipo do vírus do grupo 4, foi colocado mais recentemente no grupo 2 de CoVs, num subgrupo 2b, juntamente com CoVs semelhantes ao SARS isolados de morcegos e carnívoros selvagens (Gorbalenya, 2004 e Weiss, 2005). O grupo 3 contém o vírus da bronquite infecciosa aviária (IBV), o coronavírus do peru (TCoV), o coronavírus do ganso (GCoV) e o coronavírus do pato (DCoV).

O coronavírus bovino (BCoV) é a 2nd principal causa de diarreia viral em vitelos, sendo o rotavírus a 1st (Dhama *et al.*, 2009). O BCoV foi associado à ocorrência de diarreia grave em vitelos neonatais, disenteria de inverno em bovinos adultos e dificuldades respiratórias em vitelos e adultos [Lathrop, *et al.*, 2000]. O BCV afecta os vitelos com idades compreendidas entre o primeiro dia e os 3 meses e a diarreia ocorre tipicamente entre as 2-8 semanas de idade (Mebus *et al.* 1973; Langpap *et al.*, 1979). Comparado com o rotavírus, o Coronavírus causa diarreia mais grave e maior mortalidade, porque envolve tanto o intestino grosso como o delgado e é clinicamente caracterizado por doença respiratória com corrimento nasal e lacrimal e, mais gravemente, doença do trato respiratório inferior com sinais de broncopneumonia, que podem ser combinados com sinais entéricos de doença. A atual emergência do SARS-CoV é um exemplo de uma travessia da barreira entre as espécies animal e humana. O HCoV-OC43 e o HCoV-229E são responsáveis por 10 a 30% de todas as constipações comuns e as infecções ocorrem principalmente durante o inverno e início da primavera (Vabret *et al.*, 2003). Os coronavírus infectam todos os grupos etários e as reinfecções são comuns. Os coronavírus humanos podem induzir uma doença desmielinizante em roedores [Larson *et al.*, 1980].

3. O vírus

O nome "Coronavírus", cunhado em 1968, deriva da morfologia tipo "coroa" observada nestes vírus ao microscópio eletrónico [Tyrrell, *et al.*, 1968]. Em 1975, a família Coronaviridae foi estabelecida pelo Comité Internacional para a Taxonomia dos Vírus e, mais recentemente, em junho de 2005, no 10.º Simpósio Internacional de Nidovírus em Colorado Springs, foi proposto que a família Coronaviridae fosse dividida em duas subfamílias, os coronavírus e os torovírus. Os coronavírus estão divididos em três géneros (I a III), geralmente designados por grupos, com base nos seus hospedeiros naturais, sequências de nucleótidos e relações serológicas (McIntosh, 1974; Wertheim *et al.*, 2013).

Os coronavírus são conhecidos por causarem doenças nos seres humanos, noutros mamíferos e nas aves. Causam grandes perdas económicas e estão associados a uma elevada mortalidade em recém-nascidos de espécies domésticas. Os coronavírus não observam necessariamente barreiras entre espécies. Estes vírus não se limitam a um órgão específico, os tecidos-alvo incluem o sistema nervoso, o sistema imunitário, os rins e o trato reprodutivo. Os tractos respiratório e entérico são alvos comuns dos coronavírus que infectam o gado e as aves de capoeira, incluindo bovinos, suínos, cães, roedores e galinhas.

Foram identificados coronavírus em vários hospedeiros mamíferos e aviários. Entre eles, os vírus mais amplamente estudados são os registados nas galinhas (vírus da bronquite infecciosa); perus (vírus do coronavírus entérico dos perus); gatos (vírus da peritonite infecciosa felina e coronavírus entérico felino); cães (vírus do coronavírus entérico canino); bovinos (vírus do coronavírus entérico e respiratório dos bovinos). Nos mamíferos monogástricos, os coronavírus são os dos suínos (vírus da encefalomielite hemaglutinante dos suínos; vírus da gastroenterite transmissível dos suínos e vírus do coronavírus respiratório dos suínos); dos ratinhos (vírus da hepatite murina); e dos ratos (vírus da sialodacriadenite); dos coelhos (coronavírus do coelho); e os vírus do coronavírus respiratório e entérico dos seres humanos. Os vírus que causam a síndrome respiratória aguda grave (SRA) são muito diferentes dos vírus corona dos grupos 1, 2 e 3 dos animais e do homem e foram classificados num grupo 4 separado (Holmes, 1999; Marra *et al.*, 2003; Normile e Enserink, 2003; Rota *et al.*, 2003).

3.1. O genoma do coronavírus

O género Coronavirus pertence à família Coronaviridae, ordem Nidovirales e possui um genoma de ARN de cadeia simples, não segmentado, de polaridade positiva, com uma cauda de 32 kb mais poli (A) (De Vries, *et al.*, 1997). O ARN genómico é complexado com a proteína básica do nucleocapsídeo (N) para formar um capsídeo helicoidal que se encontra no interior da membrana viral. O genoma do Cov está organizado em sete regiões, cada uma contendo um ou mais quadros de leitura abertos. As regiões estão separadas por sítios de reiniciação (sequências de junção), que contêm o sinal para a transcrição dos ARN mensageiros subgenómicos. Há produção de ARN subgenómico co-terminal 3' com sequências únicas que se estendem na direção 5'. A extremidade 5' do genoma codifica as proteínas não estruturais, incluindo a enzima RNA polimerase viral, enquanto a ordem dos genes para as proteínas estruturais é 5'-HE-S-M-N-3'(Spaan, *et al.*, 1988).

3.2. Estrutura e morfologia do virião

As partículas do coronavírus têm uma forma pleomórfica a redonda, com um diâmetro que varia entre 80 e 160 nm e um diâmetro médio de cerca de 120 nm. As membranas de todos os coronavírus contêm quatro proteínas virais. Estas são a proteína spike (S), a glicoproteína de tipo I que forma os peplómeros na superfície do virião e que confere ao vírus a sua morfologia em forma de coroa ao microscópio eletrónico. Estes picos em forma de pétala têm cerca de 20 nm de comprimento e encontram-se no exterior de uma segunda franja de projecções mais curtas formadas pela hemaglutinina-esterase (HE) gps. A proteína de membrana (M), que atravessa a membrana três vezes, tem um ectodomínio N-terminal curto e uma cauda citoplasmática. A pequena proteína de membrana (E), uma proteína altamente hidrofóbica (Bond, 1979). A proteína E do IBV tem um ectodomínio curto, um domínio transmembranar e uma cauda citoplasmática (Corse, 2000). A proteína E do MHV atravessa a membrana duas vezes e os terminais N e C encontram-se no interior do virião (Maeda, 2001). Alguns coronavírus do grupo II têm uma proteína de membrana adicional, a hemaglutinina esterase (HE) (Brian, 1995).

3.3. Proteínas virais

As partículas de coronavírus possuem quatro proteínas estruturais principais: a proteína do nucleocapsídeo (N), a gp da membrana integral (M), a gp da espícula (S) e a gp da hemaglutinina-esterase (HE) (Deregt, 1987; St. Cyr-Coats, 1988). A proteína N encontra-se no interior do invólucro do vírus, enquanto as gp S e HE se projectam a partir do invólucro. Foi igualmente descrita uma série de proteínas estruturais e não estruturais de menor importância (Abraham *et al.*, 1990).

3.3.1. Proteína do nucleocapsídeo (N)

A proteína N é uma proteína estrutural e está envolvida na transcrição e na patogénese. A proteína N é necessária para a recuperação eficiente do vírus a partir de clones infecciosos de cDNA (Yount, 2002) e para aumentar a replicação do ARN do genoma do HCoV-229E (Schelle, 2005). A proteína N do MHV tem estado envolvida na hepatite fulminante (Taguchi, 1986). A proteína N não é glicosilada, tem um peso molecular (MW) de 50-52 kDa e pode formar trímeros ligados por dissulfureto (MW 160 kDa) em condições não redutoras. Muitas moléculas da proteína N estão associadas ao genoma para formar um nucleocapsídeo longo, flexível e helicoidal. A proteína do nucleocápside (N) do coronavírus desempenha um papel essencial na montagem do virião através de interações com a grande molécula do genoma viral de ARN de cadeia positiva e com o endodomínio carboxiterminal da proteína de membrana (M). De acordo com as conclusões de Hurst *et al.* (2010), uma interação entre a proteína do nucleocapsídeo (N) e um componente do complexo replicase-transcriptase é crucial para a infecciosidade do ARN genómico do Coronavírus.

3.3.2. Glicoproteína de membrana integral (M)

A glicoproteína M é a proteína mais abundante nos viriões. A M gp existe como uma série de espécies que têm diferentes níveis de glicosilação numa estrutura proteica idêntica. Pensa-se que se origina como uma proteína precursora não glicosilada com uma massa molecular de cerca de 22 kDa. A adição subsequente de uma ou duas cadeias laterais de oligossacáridos, cada uma com um valor molecular de cerca de 2 kDa, resulta em espécies com valores moleculares de cerca de 24 e 26 kDa. O domínio central forma três a-hélices hidrofóbicas que atravessam três vezes a bicamada lipídica, enquanto o domínio carboxi-terminal (C-terminal) se situa na superfície interna do envelope viral e interage com o nucleocapsídeo.

3.3.3. Glicoproteína de espiga (S)

A proteína spike do coronavírus é uma glicoproteína de tipo I que forma os peplómeros nas partículas de coronavírus. Os spikes dos coronavírus dos grupos II e III são clivados em duas subunidades por uma atividade enzimática do tipo furina durante o processamento no Golgi (Sturman, 1977). A subunidade S1 amino-terminal, que forma a cabeça globular da proteína madura, contém um domínio de ligação ao recetor (RBD) nos primeiros 330 aminoácidos (Kubo, 1994). Acredita-se que a subunidade carboxiterminal S2, a região conservada entre todas as espículas do coronavírus, forma uma estrutura semelhante a um talo ancorada na membrana. Além disso, também contém dois [ou três (Gallagher, 1991)] domínios de repetição heptadecimal (HR), bem como o peptídeo de fusão putativo (Parker, 1989).

A S gp tem várias funções importantes, a primeira das quais é ligar-se ao recetor da célula hospedeira durante o início da infeção, a entrada viral, a propagação célula a célula e a determinação do tropismo tecidular. O primeiro recetor de coronavírus identificado foi o CEACAM 1, utilizado pelo MHV (Holmes, 1995). A ligação viral desencadeia uma alteração conformacional na proteína spike que promove a fusão das membranas viral e celular (Matsuyama, 2002). Em geral, a entrada do vírus Coronavírus não depende do pH, pelo que se acredita que ocorre diretamente na membrana plasmática e não através de uma via endossómica. Mas a entrada do SARS-CoV é inibida por agentes lisossomotrópicos, sugerindo uma via endossómica de entrada (Yang, 2004).

Tanto a S gp isolada como os viriões intactos aglutinam glóbulos vermelhos de ratinho, rato e galinha adulta, ligando-se a um recetor na superfície dos eritrócitos que contém um resíduo de ácido siálico modificado, o ácido N-acetil-9-O-acetilneuramínico (Neu 5, 9 Ac2). Este resíduo pode atuar como um recetor na membrana da célula-alvo durante o processo de infeção (Vlasak *et al.*, 1988; Schultze *et al.*, 1991). A S gp também é importante em eventos de fusão de membranas: no início da infeção, induz a fusão entre células, resultando na disseminação do vírus entre as células e na formação de sincícios. A clivagem da S gp é necessária para a ativação da sua atividade de fusão celular e é mediada pela subunidade S2 (Storz *et al.*, 1981; Yoo *et al.*, 1991). A S gp contém epítopos neutralizantes importantes e os anticorpos monoclonais (mAbs) dirigidos contra esta proteína neutralizam o vírus tanto in vitro como in vivo (Deregt *et al.*, 1989). Os mAbs fortemente neutralizantes foram mapeados para duas regiões da subunidade S1 e outras duas regiões foram definidas por mAbs não neutralizantes em cada uma das subunidades S1 e S2 (Deregt e Babiuk, 1987; Deregt *et al.*, 1989; Vautherot *et al.*, 1990; Yoo *et al.*, 1991). A S1 é o principal indutor de respostas imunitárias protectoras. A variação na proteína S1 permite que uma estirpe de vírus evite a imunidade induzida por outra estirpe da mesma espécie.

3.3.4. Hemaglutinina - esterase (HE) glicoproteína

A glicoproteína HE do coronavírus forma um segundo tipo de espícula, com um comprimento de 5 a 7 nm. É mais pequena do que os peplómeros da proteína spike encontrados nos envelopes de alguns coronavírus do grupo II (Yokomori, 1989). A HE é sintetizada como uma apoproteína de 42 kDa que é glicosilada para 65 kDa e ligada por dissulfureto para formar um homodímero. Quando esta apoproteína é expressa, o BCoV HE apresenta actividades de hemaglutinação e de esterase (Kienzle, 1990). A proteína codificada contém 424 aminoácidos, nove locais potenciais para glicosilação ligada a N e um domínio de ancoragem à membrana terminal C. O produto primário da tradução tem uma massa molecular de 42,5 kDa (Deregt e Babiuk, 1987). O papel da HE na infeção pelo coronavírus ainda não é claro e requer mais investigação.

Tanto a fusão da hemaglutinina esterase do vírus da gripe C (INF-C) como as glicoproteínas de superfície da hemaglutinina esterase do coronavírus bovino (BCoV) apresentam uma capacidade de ligação a lectinas e uma atividade de 9-O-acetil esterase destruidora de receptores que reconhece glicanos contendo ácido 9-O-acetil-N-acetilneuramínico (Neu5,9Ac(2)). Estudos de ressonância magnética nuclear e de modelação molecular sobre a 9-O-acetil esterase mostraram que a configuração alfa Neu5, 9 Ac (2) é estritamente preferida pelas esterases INF-C e BCoV. A função da esterase INF-C liberta acetato independentemente da natureza química da porção aglicona, mas existem diferenças subtis no reconhecimento do substrato para a esterase BCoV. Este estudo fornece informações valiosas para a conceção de medicamentos para combater as infecções pelo vírus INF-C e pelo coronavírus que causam surtos de infecções respiratórias superiores e diarreia grave em vitelos, respetivamente (Mayr *et al.*, 2008).

3.3.5. Proteína do envelope (E)

A pequena proteína do envelope (E) do coronavírus é uma proteína integral da membrana (Yu, 1994). Em conjunto, estas duas proteínas desempenham um papel importante na montagem do vírus (Vennema, 1996). A proteína E, quando expressa isoladamente ou em conjunto com a proteína M, forma partículas semelhantes às do vírus, mas, surpreendentemente, foi possível selecionar um MHV recombinante com supressão do gene E, que tem baixa infecciosidade e replica-se mal. Isto indica que o gene E não é essencial para a formação do vírus. Isto indica que o gene E não é essencial para o MHV, mas desempenha um papel importante na produção de vírus infecciosos (Kuo, 2003). A proteína E do TGEV é essencial e a disrupção do gene E nas proteínas do TGEV é letal (Ortego, 2002). A proteína E do SARS-CoV tem atividade de canal iónico seletivo de catiões (Wilson, 2004).

3.3.6. Proteína interna

Os genomas do MHV e de vários outros coronavírus do grupo II contêm uma ORF interna no gene do nucleocapsídeo (Lapps, 1987). Esta ORF codifica um polipeptídeo de 23 kD, maioritariamente hidrofóbico, e é traduzida no quadro de leitura +1 em relação à proteína N.

4. Replicação do vírus Corona

Os coronavírus ligam-se a receptores celulares específicos através dos gps S e HE para receptores (possivelmente Neu 5, 9 Ac2), na membrana da célula alvo (Vlasak *et al.*, 1988; Schultze *et al.*, 1991). A absorção pode ser conseguida quer por fusão direta do invólucro do vírus com a membrana plasmática da célula, quer por endocitose seguida de fusão do invólucro do vírus com as membranas das vesículas endocíticas (Payne e Storz, 1988; Yoo *et al.*, 1991).

Uma vez no interior da célula, a replicação do vírus ocorre inteiramente no citoplasma da célula. A transcrição do vírus corona envolve um processo de síntese descontínua de ARN que é também conhecido como mudança de modelo. Isto ocorre durante uma extensão de cópia negativa dos ARNm que são de natureza subgenómica. É necessário que haja emparelhamento de bases durante a transcrição. Para a síntese do ARN viral, é necessária a proteína N do vírus corona, devido à sua atividade de chaperona do ARN, que pode estar envolvida na mudança de molde. Tanto as proteínas virais como as proteínas celulares do vírus são necessárias para a replicação e a transcrição. No início do processo de tradução do vírus corona, estão envolvidos mecanismos dependentes e independentes da capa. Após o processo de infeção do vírus corona, a síntese de macromoléculas celulares pode ser controlada pela localização de certas proteínas do vírus no núcleo da célula hospedeira. O padrão de transcrição e tradução pode ser alterado no hospedeiro devido à infeção por vários vírus corona. Também pode haver alteração no citoesqueleto celular e apoptose; vias de coagulação; inflamação; respostas imunitárias e de stress (Enjuanes, 2008; Bidokhti *et al.*, 2013).

O ARN genómico liga-se primeiro aos ribossomas e dirige a síntese da ARN polimerase dependente de ARN. Esta enzima dirige a transcrição de uma cadeia complementar de ARN de comprimento total (-) a partir da cadeia genómica (+). O ARN da cadeia (-) serve de modelo para a síntese do ARN genómico de comprimento total e também de sete ARNm subgenómicos, que formam um conjunto de ARNm 3'aninhados com extremidades 3' comuns. Cada ARNm contém toda a sequência de nucleótidos do ARNm mais pequeno seguinte, mais um gene extra na extremidade 5', que é referido como a região única. A extremidade 5' também tem uma sequência líder comum de 60-70 bases e tem sido sugerido que esta sequência líder tem origem na extremidade 3' do ARN da cadeia (-) através de um mecanismo de transcrição descontínuo de líder primário. Neste modelo, o ARN líder transcrito a partir da extremidade 3' do ARN da cadeia (-) separar-se-ia do resto do modelo, mas continuaria ligado à enzima polimerase. O complexo da polimerase da sequência líder ligar-se-ia então, por emparelhamento de bases, a regiões específicas não codificantes chamadas sítios de reiniciação no ARN da cadeia (-), onde actuaria como iniciador da síntese do resto do ARNm (Lai e Cavanagh, 1997; Enjuanes, 2006; Perlman, 2009).

Apenas as regiões únicas dos mRNAs são traduzidas, e a maioria contém um único quadro de leitura aberto que codifica apenas uma proteína. A tradução dos ARNm que codificam as proteínas não-estruturais e N ocorre em ribossomas livres no citoplasma da célula, enquanto as gps M, S e HE são sintetizadas em ribossomas no retículo endoplasmático rugoso (RER). A M gp só é glicosilada quando chega ao aparelho de Golgi, ao passo que as S e HE gps são glicosiladas no RER durante a síntese proteica e as cadeias laterais de hidratos de carbono são subsequentemente modificadas durante o transporte através do aparelho de Golgi. A montagem do vírus ocorre por brotamento nas membranas do RER e do aparelho de Golgi, sendo o local de montagem determinado pelo transporte intracelular restrito da M gp. A proteína N interage com o ARN genómico recentemente sintetizado para formar nucleocapsídeos frágeis, que se alinham na superfície citoplasmática das membranas do RER e de Golgi devido a uma interação com a M gp. Nestas membranas, as proteínas da célula hospedeira são substituídas por gps virais, e os viriões inteiros são arrancados e libertados no lúmen. A maioria das partículas de coronavírus é libertada de células intactas utilizando os mecanismos normais de secreção celular, embora algumas partículas sejam libertadas pela lise de células moribundas. O excesso de S e HE gps que não foram incorporados nos viriões são também transportados para a membrana plasmática da célula, onde podem atuar como alvos da resposta imunitária do hospedeiro (Lai e Cavanagh, 1997; Navas-Martin, 2004; Brian, 2005).

5. Bases genéticas da evolução do Coronavírus e epidemiologia da infeção

Pensa-se que os genomas extremamente grandes dos coronavírus sofrem mutações com elevada frequência, em consequência das elevadas taxas de erro da RNA polimerase, que se prevê que acumule várias substituições de bases por cada ronda de replicação. As alterações na virulência, nos tropismos tecidulares e na transmissão inter-espécies dos CoV ocorrem através de variações genéticas nas proteínas estruturais e não estruturais. Outro mecanismo importante para a evolução genética do CoV é a elevada frequência de recombinação de ARN homólogo. Acredita-se que este processo seja mediado por um mecanismo de "copychoice" (Buxton e Fraser, 1977; Siddell *et al.*, 1983; Russel e Edington, 1985; Bidokhti *et al.*, 2013).

5.1. Mecanismo de genética inversa para os Coronavírus

O sistema de genética inversa é uma abordagem para descobrir a função de um gene, para compreender as interações vírus-hospedeiro e a base molecular da patogénese dos vírus. A genética inversa envolve a geração de mutantes através da tecnologia do ADN recombinante e é um instrumento poderoso para estudar a biologia e a patogénese dos vírus. Inicialmente, era difícil desenvolver clones de cADN completos devido ao grande tamanho do genoma do coronavírus, pelo que o primeiro sistema de genética inversa disponível para os coronavírus foi a recombinação dirigida, que foi desenvolvida para o MHV (Masters, 1999) e depois para o TGEV (Sanchez, 1999) e o FIPV (Haijema, 2003). Utilizando os sistemas de genética inversa, foram desenvolvidas cópias completas de ADN para o TGEV (Yount, 2000), IBV (Youn, 2005), HCoV-229E (Thiel, 2001), MHV (Yount, 2002) e, mais recentemente, SARS-CoV (Yount, 2003). Foram desenvolvidas várias estratégias para gerar ARN genómico infecioso. Estas incluem a clonagem e a expressão a partir de vírus vaccinia recombinantes (Thiel, 2001) ou de um cromossoma artificial bacteriano (Almazan, 2000; Pfefferle, 2009) e a transcrição a partir de ADN de comprimento genómico formado pela ligação de múltiplos subclones (Yount, 2003).

A tecnologia da genética reversa fez avançar muito a compreensão dos coronavírus, para o que se utilizaram extensivamente vírus recombinantes mutantes e quiméricos na investigação do papel da spike e de outras proteínas na replicação e patogénese do coronavírus. Além disso, para investigar a relação estrutura/função dos UTRs nas extremidades 5' e 3' do genoma, para compreender o papel das actividades enzimáticas codificadas no gene da replicase na replicação do coronavírus, juntamente com a expressão de sequências estranhas no lugar de um gene não essencial e a seleção de vírus com supressões ou rearranjos de genes que possam servir como vacinas atenuadas, a estratégia de genética inversa revelou-se essencial (Sarma, 2002, MacNamara, 2005).

5.2. Papel da proteína Spike na transmissão e patogénese entre espécies

As extraordinárias variações na gama de hospedeiros, na transmissão entre espécies e no tropismo tecidular entre os coronavírus devem-se a variações na glicoproteína spike. Estas espículas funcionam como tropismo viral pela sua especificidade de recetor e pela sua atividade de fusão da membrana durante a entrada do vírus nas células. A sequenciação de nucleótidos revelou que as alterações na virulência do vírus ou a fuga à neutralização por anticorpos estavam mais estreitamente associadas à diferença no gene spike (Sheahan, 2008; Rockx, 2010).

No caso do TGEV, a substituição do gene spike de uma estirpe respiratória atenuada do TGEV pelo gene spike de uma estirpe entérica virulenta torna o vírus enterotrópico (Sanchez, 1999). A proteína spike do SARS-CoV pode desempenhar um papel na patogénese, induzindo a interleucina-8 (IL-8) nos pulmões através da ativação de MAPK e AP-1 (Chang, 2004). O vírus da bronquite infecciosa aviária recombinante que exprime um gene spike heterólogo demonstra que a proteína spike é um fator determinante do tropismo celular (Casais, 2003). De acordo com Rottier *et al.* (2005), a aquisição do tropismo dos macrófagos durante a patogénese da peritonite infecciosa felina é determinada por mutações na proteína spike do coronavírus felino.

A porção periférica S1 pode ligar-se de forma independente a receptores celulares, enquanto a porção integral de membrana S2 é necessária para mediar a fusão da membrana viral e celular. A variabilidade genética natural é mais extrema no fragmento S1, mas as alterações S2 também são encontradas em mutantes com novas infecções in vivo (Gallagher e Bruchmeier, 2001).

A energia livre libertada pela ligação dos receptores de espículas pode ser necessária para desencadear a fase seguinte da entrada do vírus, a fusão da membrana mediada por espículas. Os receptores com maior afinidade de ligação podem conduzir a reação de fusão de forma mais eficaz (Gallagher e Bruchmeier, 2001).

6. Transmissão e epidemiologia da infeção pelo coronavírus

Os coronavírus são libertados nas secreções das mucosas do trato respiratório superior e nas excreções do trato gastrointestinal (Kapil e Goyal, 1995). A transmissão é geralmente horizontal e não foram registadas provas de transmissão vertical para a família dos coronavírus. As infecções por coronavírus em bovinos, suínos, cães e gatos domésticos são consideradas endémicas, com mais de 80% da população seropositiva até um ano de idade.

O BoCv foi registado em muitos países e está provavelmente distribuído a nível mundial (Acres *et al.*, 1975; Woode *et al.*, 1978; Tsunemitsu *et al.*, 1995). O vírus está disseminado nas populações bovinas e, consequentemente, os anticorpos séricos contra o BoCv podem ser detectados na maioria dos bovinos adultos (Rodak *et al.*, 1982). A morbilidade de um surto em vitelos é elevada, mas a mortalidade é influenciada pela idade do vitelo, pelo maneio e pelo tipo de infecções secundárias. O vírus pode ser detectado tanto em vitelos diarreicos como em vitelos saudáveis, variando as taxas de incidência notificadas entre 8 e 69% e 0 e 24% para vitelos diarreicos e saudáveis, respetivamente (Marsolais *et al.*, 1978; Woode *et al.*, 1978; Dea *et al.*, 1980; Langpap *et al.*, 1979; Reynolds *et al.*, 1986; Snodgrass *et al.*, 1986). O vírus é frequentemente encontrado em amostras de fezes diarreicas em conjunto com outros enteropatógenos, particularmente o rotavírus. A infeção pelo BoCv é mais prevalente durante os meses de inverno, o que pode refletir a maior capacidade de sobrevivência num ambiente fresco e húmido. O BoCv foi detectado nas fezes de uma elevada proporção (mais de 70%) de vacas adultas clinicamente normais, apesar da presença de anticorpos específicos no soro e nas fezes (Crouch, *et al.*, 1984). De acordo com Saif e Heckert (1990), as infecções subclínicas persistentes ou recorrentes são também comuns tanto em vitelos neonatais como em vitelos mais velhos e a excreção do vírus destes animais pode manter um reservatório de infeção para vitelos susceptíveis.

A Peritonite Infecciosa Felina afecta gatos de todas as idades e de ambos os sexos, mas a incidência é mais elevada nos gatos com 6 a 24 meses de idade, diminuindo nos gatos com 5 a 13 anos de idade e aumentando nos gatos com 14 a 15 anos de idade. Os gatinhos criados em colónias infectadas podem contrair o vírus das suas mães ou podem permanecer como portadores assintomáticos quando a imunidade materna diminui às 510 semanas de idade e, normalmente, podem desenvolver PIF semanas ou meses depois de serem colocados em novas casas. A prevalência da PIF clínica é inferior a 1% dos agregados familiares com gatos, apesar de 20 a 35% dos gatos estarem infectados com o coronavírus. A morbilidade e a mortalidade são elevadas, chegando por vezes a atingir 35% ou mais em alguns gatis de criação. Geralmente, a taxa de morbilidade nos gatinhos criados em gatis é de 10%. A prevalência da infeção pelo VFIP na população geral de gatos é difícil de determinar porque os testes serológicos actuais para a deteção de anticorpos contra o VFIP não conseguem discriminar entre o VFIP e outros coronavírus felinos que não produzem doença e que podem ser mais prevalentes. Além disso, os títulos de anticorpos são menos comuns nos gatos selvagens e de vida livre (Hohdatsu, 1992).

Epidemiologicamente, a TGE pode ser classificada como epidémica ou endémica. A TGE epidémica ocorre em efectivos em que a maioria dos suínos é seronegativa e suscetível ao TGEV ou ao PRCV, sendo mais frequentemente observada no inverno. As porcas não lactantes têm uma doença ligeira, mas actuam como portadoras. Durante os meses de verão, os hospedeiros não suínos (por exemplo, gatos, cães, aves) ou vectores mecânicos (por exemplo, moscas domésticas) actuam como portadores mecânicos do vírus. A persistência do vírus nos edifícios da exploração, nas lavaduras e nas porcas portadoras recuperadas desempenha um papel importante na propagação da doença. A morbilidade é elevada nesta forma de TGE. Os suínos com menos de 2 a 3 semanas de idade tendem a apresentar diarreia grave e desidratação rápida, resultando em morte, sendo a taxa de mortalidade geralmente inferior a 10 a 20%. O diagnóstico da TGE endémica em leitões lactentes ou recém-desmamados pode ser difícil e deve ser diferenciado da infeção por outros agentes patogénicos diarreicos, como o rotavírus, bactérias como o *Clostridium* spp. e *a E. coli*, bem como parasitas protozoários como a *Isospora suis* (Dewey, 1999).

No caso do vírus da diarreia epidémica porcina (PED), os suínos são o único hospedeiro conhecido. Não foram encontrados anticorpos contra o vírus em suínos selvagens ou noutras espécies animais, mas foram observadas infecções na maioria dos países europeus e na China e, mais significativamente, ocorreram grandes epidemias na Europa em 1969. No entanto, não foram encontrados anticorpos em soros colhidos antes de 1969. Em grandes explorações de criação, o vírus persiste em ninhadas consecutivas de suínos após o desmame e, depois de estes perderem a imunidade devido à presença de anticorpos no leite, o vírus pode estar associado à diarreia do desmame. O vírus foi demonstrado no material fecal de 80% dos suínos. Os dados epidemiológicos de outros países são escassos, mas sabe-se que a propagação do vírus ocorre principalmente de forma direta através de suínos infectados e indiretamente através de fómites contaminados com o vírus e através de camiões de transporte (Pan, 2012).

O IBV, um coronavírus, tem uma distribuição mundial e é libertado por galinhas infectadas em descargas respiratórias e fezes. O vírus tem numerosos serotipos, dois ou mais dos quais podem ser observados simultaneamente numa região geográfica. O vírus altamente contagioso é propagado por gotículas transportadas pelo ar, para além da ingestão de alimentos e água contaminados e de equipamento e vestuário contaminados dos tratadores. O vírus é altamente infecioso e pode ser libertado na secreção respiratória durante 4 semanas e na face 3 semanas após a infeção. O vírus pode estar presente nos ovos férteis postos durante a doença, mas as galinhas nascidas desses ovos não estão infectadas. Em alguns casos, o vírus pode ser libertado até 7 semanas. As galinhas infectadas naturalmente e as vacinadas com o IBV vivo podem libertar o vírus de forma intermitente durante muitas semanas ou mesmo meses e, especialmente nas poedeiras e nas reprodutoras, a infeção ocorre ciclicamente à medida que a imunidade diminui ou se houver exposição a diferentes serótipos (Sharma e Adlakha, 2009).

O novo coronavírus humano, o vírus da síndrome respiratória aguda grave (SARS-CoV), é considerado um "agente patogénico emergente". O SARS-CoV foi identificado pela primeira vez como uma pneumonia atípica em doentes isolados na província de Guangdong, na China, onde a doença atingiu proporções epidémicas na sequência de eventos-chave de superdisseminação associados à introdução de um novo vírus respiratório numa comunidade globalizada, causando cerca de 8000 infecções e 800 mortes em todo o mundo. Em julho de 2003, estratégias agressivas de intervenção na saúde pública contiveram a epidemia na ausência de qualquer terapêutica eficaz (Cleri, 2010). O aparecimento do SARS-CoV provoca taxas de mortalidade de 50% ou mais. Posteriormente, o SARS-CoV foi identificado em vários pequenos carnívoros (civetas de palma e cães-guaxinim) dos mercados húmidos chineses e previu-se que os morcegos-ferradura (género *Rhinolophus)* actuam como hospedeiros reservatórios de CoV do tipo SARS

7. Doenças causadas por coronavírus em animais domésticos

7.1. Coronavírus bovino

Escherichia coli, Salmonella, Cryptosporidia, Rotavírus e coronavírus são as causas mais comuns associadas à diarreia neonatal de vitelos (Uhde *et al.,* 2008). O rotavírus geralmente causa uma infeção aguda. Mas a infeção por coronavírus causa persistência e recorrência em adultos (Durham *et al.,* 1979; Asano *et al.,* 2010). O coronavírus bovino (BoCv) foi registado pela primeira vez por Mebus em 1972. O BoCV é um vírus pneumoentérico que infecta o trato respiratório superior e inferior, os pulmões e o intestino, sendo libertado nas fezes e nas secreções nasais, e é considerado a causa de três síndromes clínicas distintas em bovinos: diarreia dos vitelos, disenteria de inverno com diarreia hemorrágica em adultos e infecções respiratórias em bovinos de várias idades, incluindo o complexo da doença respiratória bovina ou febre do transporte de bovinos em confinamento. O BoCv é reconhecido como a principal etiologia da diarreia viral em vitelos jovens (3 a 21 dias de idade), embora a doença possa ocorrer até aos três meses de idade (pico de incidência de 7 a 10 dias), está associado à disenteria de inverno (D.I.) em bovinos adultos e é frequentemente encontrado tanto nas fezes normais como nas diarreicas dos vitelos (Snodgrass, *et al.,* 1986; Saif, 2010). O BoCv é uma causa economicamente significativa de diarreia dos vitelos e disenteria de inverno em bovinos adultos e pode causar doença respiratória nos vitelos (Heckert, *et al.,* 1989). O BoCv está classificado em segundo lugar, a seguir ao rotavírus, como causa frequente de diarreia dos vitelos (Craig, 1994). O BoCv é conhecido por causar uma doença mais severa e uma mortalidade mais alta do que as causadas pelo rotavírus bovino porque ele se multiplica tanto no intestino delgado quanto no intestino grosso, enquanto o rotavírus infecta apenas o intestino delgado (Torres-Medina, 1985). No entanto, a incidência do coronavírus na diarreia neonatal dos vitelos é ligeiramente inferior à do rotavírus (Khan, 1991).

O BoCv é um vírus ubíquo em todo o mundo, conforme medido por sorologia. Com base em dados de incidência, as infecções por coronavírus ocupam o segundo lugar em importância nas perdas económicas devidas à diarreia infecciosa dos vitelos (House, 1978). No passado recente, em Ontário, procedeu-se à comparação dos vírus do corona bovino isolados com as estirpes de referência que causam diarreia neonatal do vitelo (NCD) ou disenteria invernal (WD) no caso do gado adulto. No que respeita às propriedades de hemaglutinação, há uma diferença significativa entre o WDBCoV e as estirpes NCDBCoV e as que causam doenças respiratórias (Gelinas *et al.,* 2001).

7.1.1. Patogénese do BoCV

Os vitelos podem ser infectados com BoCV por ambas as vias, oral e respiratória. Para iniciar uma infeção com sucesso, os vírus precisam de ultrapassar a barreira da membrana celular, o que é conseguido através da fusão da membrana mediada por proteínas especializadas de fusão viral por vírus envelopados (Bosch *et al.*, 2003). As infecções por coronavírus começam no intestino delgado proximal, mas depois espalham-se normalmente pelo jejuno, íleo e cólon. Inicialmente, o vírus liga-se ao enterócito através das glicoproteínas spike e hemaglutinina, que permitem a fusão do envelope viral com a membrana celular ou com as vesículas endocíticas (Schultze *et al.*, 1991). A replicação do vírus ocorre nas células epiteliais superficiais, particularmente nas que se encontram na metade distal das vilosidades do intestino delgado inferior. A diarreia começa na altura em que o vírus entra na célula (antes de ocorrer a morte celular), mas não se sabe se isto é o resultado de secreção, má absorção ou ambos. As perdas de células infectadas ocorrem 2 dias após o início da diarreia e o embotamento das vilosidades. As células epiteliais vilosas maduras são o alvo principal do vírus, mas os enterócitos da cripta também são afectados (Storz *et al.*, 1978; Park *et al.*, 2007). Como os enterócitos da cripta e os colonócitos podem ser afectados pelo coronavírus, os sinais clínicos têm frequentemente uma duração mais longa (Lewis *et al.*, 1978; Storz *et al.*, 1978).

A capacidade de absorção do intestino é severamente diminuída pela perda de área de superfície e pela presença de células imaturas. Estas células retêm alguma da sua atividade secretora, o que leva a um aumento adicional do volume de líquido no intestino. As células imaturas segregam menos enzimas digestivas, pelo que a capacidade digestiva do intestino também é reduzida. A lactose não digerida acumula-se no lúmen intestinal, levando a um aumento da atividade microbiana e a um desequilíbrio osmótico que atrai mais água para o intestino. A diminuição das capacidades digestivas e de absorção conduz à diarreia, com perda de água e de electrólitos. Em infecções graves, a diarreia pode levar à desidratação, acidose e hipoglicemia e a morte pode ocorrer devido a choque agudo e insuficiência cardíaca. Mais frequentemente, a infeção é auto-limitada, uma vez que o vírus raramente ataca as células epiteliais da cripta. A atividade mitótica destas células aumenta, produzindo células imaturas que são mais resistentes à infeção pelo vírus e que migram para as vilosidades para substituir as células danificadas (Clark, 1993).

7.1.2. Sinais clínicos

Após a inoculação oral de viriões do tipo coronavírus da diarreia do vitelo, o período de incubação em vitelos gnotobióticos foi de cerca de 20 horas. Inicialmente, os vitelos estavam moderadamente deprimidos, comiam lentamente e excretavam fezes líquidas amareladas. A diarréia por coronavírus é geralmente mais aquosa e de maior gravidade do que a diarréia por rotavírus, pois leva rapidamente à desidratação e acidose após a diarréia líquida amarela inicial. Numa fase mais tardia, há passagem de coágulos de leite e muco e a diarreia torna-se muito aquosa. Os sinais clínicos da doença duram normalmente quatro a cinco dias. A gravidade da enterite por BoCv varia com a idade e o estado imunológico do vitelo e com a dose infecciosa e a estirpe do vírus. A diarreia desenvolve-se mais rapidamente e torna-se mais grave em vitelos muito jovens ou privados de colostro (Mebus, 1978).

A diarreia amarela desenvolve-se cerca de 48 horas após a infeção experimental e continua durante 3-6 dias: o vírus pode ser detectado nas fezes durante este período. A maioria dos vitelos recupera, mas alguns podem morrer se a diarreia for grave (Mebus *et al.*, 1978; Reynolds *et al.*, 1985; Saif *et al.*, 1986). A morbidade e a mortalidade são altas e os bezerros com diarréia sanguinolenta podem morrer de hipovolumia dentro de algumas horas após o início dos sinais clínicos.

7.1.3. Patologia

As lesões macroscópicas estão principalmente confinadas ao intestino. No cólon, é comum a presença de um molde fecal mucoide verde. Normalmente, os vitelos estão emaciados com atrofia serosa generalizada da gordura de depósito. O íleo distal e o cólon proximal apresentam alterações mais graves como congestão da mucosa e desnudação da mucosa. Na região do íleo distal e do cólon proximal ocorrem congestão grave localizada ou hemorragias difusas ligeiras, caraterísticas da enterite coronavírica grave.

As infecções são estabelecidas pela ingestão ou inalação do BoCv, que se replica em células que se dividem rapidamente, como as que revestem as vilosidades intestinais. As lesões microscópicas da infeção entérica por BoCv em vitelos jovens podem ser frequentemente observadas tanto no intestino delgado como no cólon, mas particularmente no intestino delgado, as vilosidades podem ser atróficas e revestidas por epitélio atenuado. A atrofia das vilosidades é um fenómeno específico apenas da diarreia viral. As células infectadas morrem, desprendem-se e são substituídas por células imaturas. No intestino delgado, estas alterações provocam o atrofiamento e a fusão das vilosidades adjacentes e, no intestino grosso, levam à atrofia das cristas do cólon. No exame histológico, observa-se que as células epiteliais colunares altas que normalmente revestem as vilosidades do intestino delgado e as cristas do cólon são substituídas por células epiteliais cuboidais e escamosas e, em infecções graves, podem mesmo existir áreas de descamação completa. Estas alterações são acompanhadas por uma diminuição do número de células caliciformes. A microscopia eletrónica de varrimento (SEM) demonstra que existem grandes variações no comprimento e no espaçamento das microvilosidades nas células individuais (Clark, 1993).

7.1.4. Disenteria de inverno

Foram registados em vários países surtos de diarreia aguda em bovinos adultos durante o inverno, mas a doença é frequentemente designada por disenteria de inverno. Classicamente, a síndrome clínica é caracterizada por um início agudo de diarreia escura, sanguinolenta e líquida em vacas adultas, acompanhada por uma diminuição da produção de leite e por depressão e anorexia variáveis. Após um período de incubação de 3-7 dias, os animais afectados podem também desenvolver um corrimento nasolacrimal e tosse, e ficar deprimidos e anorécticos. A doença espalha-se rapidamente dentro de um rebanho afetado, levando a uma elevada morbilidade (50-100%), mas a taxa de mortalidade é muito baixa (1-2%). As perdas económicas devidas à queda na produção de leite podem, no entanto, ser muito elevadas, uma vez que a produção pode não voltar ao normal durante vários meses. É mais provável que a epidemiologia da WD seja consistente com o BoCv como agente causador (Durham *et al.*, 1989; Dea *et al.*, 1995; Park *et al.*, 2007a). A descarga nasal é provocada por uma doença ligeira ou grave, estando assim associada a perdas económicas significativas. Especialmente em pequenas explorações (em que a área disponível por vaca é demasiado pequena ou demasiado grande), os surtos de disenteria de inverno são mais comuns. O surto da doença nesses casos também depende da presença do vírus nas fezes, bem como da variação de temperatura do estábulo e da água de beber (Jactel *et al.*, 1990).

De acordo com Radostits *et al.* (2007), em epidemias ligeiras de BoCv, a diminuição máxima da produção de leite é de cerca de 10% e pode durar 1-2 semanas, após as quais os níveis de produção de leite são recuperados, mas, em epidemias graves, esta diminuição da produção de leite pode ser de cerca de 30% e pode durar mais tempo, até 1 mês.

O BoCv associado à doença de Parkinson em bovinos adultos está estreitamente relacionado com o vírus que causa diarreia nos vitelos neonatais (Akashi *et al.*, 1980). Uma atividade RDE mais elevada poderia explicar em parte a natureza altamente contagiosa das estirpes de BoCv associadas a surtos de WD e a curta duração da síndrome nos efectivos afectados (Durham *et al.*, 1989). Os isolados de disenteria de inverno são aparentemente estirpes distintas de BoCv, uma vez que a atividade RDE da sua glicoproteína HE é também muito eficaz na inativação de receptores em eritrócitos de ratos (Dea *et al.*, 1995).

7.1.5. Infecções respiratórias por coronavírus bovino (RBCoV)

Muitos vírus, incluindo o herpesvírus bovino-1 (BHV-1), o vírus sincicial respiratório bovino (BRSV), o parainfluenzavírus-3 (PI-3), o coronavírus bovino, o vírus da diarreia viral e o reovírus, o adenovírus bovino-3 (BAV-3), adenovírus bovino-7 (BAV-7), *Mycoplasma bovis, Mannheimia haemolytica, Pasteurella multocida* e *Dictyocaulus viviparus* têm sido etiologicamente associados a doenças respiratórias em bovinos (Hartel *et al.*, 2004; Ellis, 2009; Gulliksen *et al.*, 2009).

Além de ser um patógeno entérico, o BoCv também pode causar infecções do trato respiratório em bezerros de diferentes faixas etárias. A infeção é geralmente subclínica, mas quando os sinais clínicos estão presentes, eles podem ser vistos comumente em bezerros entre 2 e 16 semanas de idade (Thomas *et al.*, 1982; McNulty *et al.*, 1984; Reynolds *et al.*, 1985; Singh *et al.*, 1985; Saif *et al.*, 1986; Hecker *et al.*, 1990; Tsunemitsu *et al.*, 1991). No trato respiratório, os locais primários de infeção são as células epiteliais da cavidade nasal e da traqueia, onde a infeção pode levar a sinais respiratórios superiores ligeiros, como rinite, espirros e tosse. O vírus também pode infetar o trato respiratório inferior e causar pequenas lesões pulmonares, mas os sinais clínicos estão geralmente ausentes. Foi também registado um envolvimento mais grave do trato respiratório inferior (Kapil e Pomeroy, 1991).

A identificação do vírus do coronavírus bovino em bovinos infectados ou tratados com RBoCoV e/ou em bovinos saudáveis foi feita, em muitos casos, com base em estudos serológicos. Esses estudos centraram-se principalmente no isolamento do vírus da cavidade nasal. A identificação do RBoCoV foi igualmente efectuada nos pulmões pneumónicos, frequentemente em associação com outros vírus, bactérias ou *Mycoplasma* spp. Nos cornetos, bem como na traqueia e nos pulmões, a identificação dos vírus foi efectuada numa base experimental. Alguns estudos demonstraram que a previsão da necessidade ou não de tratamento de um vitelo no lote de alimentos para animais pode ser efectuada com base na presença ou ausência de anticorpos contra o vírus. Estudos demonstraram igualmente que os bovinos podem libertar o RBoCoV nas secreções nasais aquando da sua chegada ao confinamento ou talvez antes de serem entregues no confinamento (Lathrop *et al.*, 2000; Gagea *et al.*, 2006; Thomas *et al.*, 2006).

7.1.6. Infeção mista de infeção por coronavírus bovino

Na primeira década de setembro de 2006, ocorreu um surto grave de doença entérica e respiratória associada à infeção pelo coronavírus bovino (BCoV) num efetivo leiteiro do sul de Itália. Durante as temperaturas do verão, os vitelos, as novilhas e as vacas adultas afectados apresentaram uma diminuição acentuada da produção de leite, tendo o BCoV sido identificado como o agente etiológico através do isolamento do vírus e da RT-PCR dirigida ao gene S, mas as investigações bacteriológicas, parasitológicas e toxicológicas não conseguiram detetar outras causas da doença. Decaro *et al.* (2008a) descreve os aspectos interessantes dos surtos, que são (i) a ocorrência de uma forma grave da doença na estação mais quente; (ii) a presença simultânea de doença respiratória e entérica; (iii) o envolvimento de bovinos jovens e adultos.

Num estudo, bezerros privados de colostro foram experimentalmente infectados com uma estirpe coreana de WD-BCoV e examinados quanto à viremia, juntamente com a eliminação entérica e nasal do vírus, bem como quanto à expressão do antigénio viral e lesões associadas ao vírus nos intestinos delgado e grosso e no trato respiratório superior e inferior. 1 a 8 dias após uma infeção oral, os vitelos inoculados com WD-BCoV apresentaram atrofia gradual das vilosidades no intestino delgado, aumento gradual da profundidade das criptas no intestino grosso e pneumonia intersticial. O antigénio do WD-BCoV foi detectado no epitélio dos intestinos delgado e grosso e, em particular, nos cornetos nasais, na traqueia e nos pulmões, onde os danos epiteliais se tornaram evidentes. Este estudo mostra que o WD-BCoV tem um tropismo duplo e induz alterações patológicas tanto no trato digestivo como no trato respiratório dos vitelos (Park *et al.*, 2007a).

7.1.7. Proteção cruzada entre estirpes de diarreia neonatal do vitelo, disenteria de inverno e coronavírus respiratório

Bezerros gnotobióticos e privados de colostro foram inoculados por via oronasal com um BCV de WD (DBA) ou um BCV de diarréia de bezerro (DB2), e então desafiados com o BCV heterólogo. Foram coletadas amostras de swab nasal, fezes e sangue. Todos os vitelos desenvolveram diarreia e libertaram o BCV por via nasal e nas fezes. Eles foram então recuperados e protegidos da diarréia associada ao BCV após a exposição ao desafio com o BCV heterólogo. Durante a fase inicial da infeção, a imunoglobulina M foi o principal coproanticorpo. Este é seguido predominantemente por IgA; no entanto, os títulos de coproanticorpos de imunoglobulina G1 para o BCV foram baixos. No soro, os títulos de IgG1 aumentaram após a exposição ao desafio, juntamente com todos os títulos de isótipos de anticorpos no soro, exceto IgG2. A disseminação nasal do BCV após a exposição ao desafio confirmou os dados de campo que documentam a reinfeção do trato respiratório dos bovinos. De acordo com as sugestões de El- Kanawati *et al.* (1996) e Cho *et al.* (2001), as infecções do trato respiratório constituem uma fonte de transmissão do BCV a vacas (WD) ou vitelos jovens em manadas fechadas.

7.2. Coronavírus da Bubalina (BuCoV)

Os coronavírus nunca foram isolados de búfalos, embora exista um único relatório sobre a deteção de anticorpos BCoV em búfalos búlgaros através de testes de inibição da hemaglutinação e de neutralização do vírus (Muniiappa *et al.*, 1985). Foi efectuado o isolamento e a caraterização biológica e genómica de um coronavírus do tipo bovino de um rebanho de búfalos afetado por diarreia grave e mortalidade de vitelos, apresentando proteínas estruturais e não estruturais intactas em relação ao BCoV, embora biologicamente apresentasse caraterísticas únicas, incluindo a incapacidade de crescer em culturas de células derivadas de bovinos e de aglutinar eritrócitos de galinha (Decaro, 2008b & 2010).

7.3. Coronavírus em ruminantes selvagens

Recentemente, foram identificados CoVs do tipo bovino em ruminantes selvagens ou domesticados, incluindo várias espécies de veado e antílope waterbuck (Tsunemitsu *et al.*, 1995), girafa (Hasoksuz *et al.*, 2007), lamas (Cebra *et al.*, 2003) e alpaca (Cebra *et al.*, 2003; Jin *et al.*, 2007). Os coronavírus de origem bovina foram isolados de veados sambar *(Cervus unicolor)* e de veados de cauda branca *(Odocoileus virginianus)*, bem como de patos-d'água *(Kobus ellipsiprymnus)* e palancas *(Hippotragus niger)* (Alekseev *et al.*, 2008). Foram detectados coronavírus em amostras de fezes diarreicas de um grupo de sitatunga (*Tragocephalus spekei*) e bois-almiscarados (*Ovibox moschatus*) em Whipsnade durante o inverno de 1979-80. Foram demonstradas partículas semelhantes ao coronavírus bovino (juntamente com *Yersinia pseudotuberculosis*) no conteúdo rectal de um pato-d'água (*Kobus ellipsiprymnus*) com diarreia aguda no Cotswold Wildlife Park em janeiro de 1982 (Chasey *et al.*, 1984). Elazhary *et al.* (1981) comunicaram a prevalência de anticorpos contra o coronavírus (13,3%) em duas manadas de caribus *(Rangifer tarandus* caribou) no norte do Quebeque, Canadá, no outono de 1978.

7.4. Coronavírus suíno

7.4.1. Gastroenterite transmissível (TGE)

O vírus da gastroenterite transmissível (TGE) foi reconhecido em 1946. O coronavírus suíno (PRCV) afecta leitões com 2 semanas de idade e a gravidade da doença depende da idade do animal. Este vírus provoca vómitos seguidos de diarreia aquosa profusa que acaba por resultar em desidratação e morte no prazo de 2 a 5 dias. Nos suínos mais velhos, a taxa de mortalidade é menor. A transmissão ocorre principalmente através da ingestão de material contaminado, normalmente fezes ou leite, e possivelmente através de aerossóis (Enjuanes e Van der Zeijist, 1995; Garwes, 1995). Os sinais clínicos resultam do aumento da pressão osmótica no lúmen, causado pela falha na absorção da lactose do leite e pelo aumento do nível anormal de secreção de sódio no lúmen (Garwes, 1995). De acordo com de Diego *et al.* (1992), a principal fonte de proteção imunitária para os recém-nascidos são os anticorpos fornecidos pela mãe no colostro e no leite.

A TGE é uma doença viral comum do intestino delgado que provoca vómitos e diarreia profusa em suínos de todas as idades. É mais grave nos neonatos, cuja mortalidade resulta em perdas económicas significativas [Kim, 2000]. A via fecal-oral é a principal via de transmissão do TGEV. O período de incubação do TGEV varia de 18 horas a 3 dias. O TGEV infecta e destrói as células epiteliais das vilosidades do jejuno e do íleo, provocando uma atrofia grave das vilosidades e uma má absorção que resulta em diarreia osmótica e desidratação. A mortalidade é de quase 100% em leitões com menos de 1 semana de idade, enquanto os suínos com mais de 1 mês raramente morrem. A infeção também ocorre no trato respiratório superior e, menos frequentemente, nos pulmões, mas é de notar que, nos adultos, o TGEV causa uma doença ligeira.

7.4.2. Coronavírus respiratório dos suínos (PRCoV)

O vírus respiratório dos suínos (PRCoV) é uma variante atenuada (ou também conhecida como mutante de deleção) do TGEV. O PRCoV infecta as células epiteliais do pulmão e o antigénio encontra-se nos pneumócitos de tipo I e de tipo II, bem como nos macrófagos alveolares; a infeção é seguida de pneumonia intersticial. O surgimento do PRCoV a partir do TGEV resultou de deleções no gene spike e é um exemplo da evolução de um coronavírus com tropismo de tecido alterado, bem como virulência reduzida. As porcas que recuperam de uma infeção virulenta por TGEV produzem IgA no leite em quantidade suficiente para proteger os leitões da infeção e da diarreia. As infecções repetidas com PRCoV podem proteger contra o TGEV [Paton, 1991; Laude *et al.*, 1993].

7.4.3. Diarreia epidémica dos suínos (PED)

O vírus da diarreia epidémica dos suínos (PEDV) foi notificado pela primeira vez em suínos de engorda e de crescimento no Reino Unido em 1971. O vírus da diarreia epidémica porcina surgiu em suínos europeus a partir de uma espécie hospedeira desconhecida e causou uma doença entérica grave (Pensaert, 1978). A PED afecta suínos de todas as idades e assemelha-se clinicamente à TGE. Caracteriza-se por vómitos, juntamente com diarreia aquosa e desidratação nos suínos. A PED manifesta-se normalmente de forma ligeira e enzoótica, mas um surto de diarreia aguda grave foi associado a uma elevada morbilidade (80-100%) e mortalidade (50-90%) em leitões lactentes (Chen, 2008). Os porcos mais velhos ficam mais letárgicos e deprimidos com a PED do que com a TGE. A PED tem menos efeito nos leitões em aleitamento [Pensaert, 1989].

7.4.4. Encefalomielite hemaglutinante dos suínos (EHP)

A encefalomielite hemaglutinante dos suínos (PHE) afecta principalmente suínos com menos de 3 semanas de idade. O PHE-CoV foi isolado pela primeira vez no Canadá a partir do cérebro de leitões com encefalomielite. O PHE-CoV é constituído por uma única estirpe e é o único CoV neurotrópico conhecido para os suínos (Greig, 1971). Os leitões afectados apresentam vómitos, anorexia e depressão. Por esta razão, foi designada por "doença do vómito e do definhamento" (VWD), cuja forma encefalomielítica também começa com vómitos, geralmente 4-7 dias após o nascimento. Mergulham a boca em taças de água, mas bebem pouco, o que é possivelmente indicativo de paralisia faríngea [Chang, 1993].

7.5. Coronavírus felino (FCoV)

O coronavírus entérico felino (FCoV) é um vírus de ARN de cadeia simples com envelope que é altamente contagioso entre gatos em contacto próximo. É importante notar que o FCoV é antigenicamente semelhante ao vírus da peritonite infecciosa felina. O coronavírus felino infecta o epitélio colunar apical das vilosidades intestinais do duodeno, do jejuno e do íleo, provocando a descamação das pontas das vilosidades e a sua fusão com as vilosidades adjacentes, o que leva à atrofia. A doença entérica resulta em diarreia ligeira e transitória que é auto-limitada. A infeção pelo coronavírus felino é enzoótica em praticamente todos os ambientes onde são mantidos grandes números de gatos e a transmissão é predominante pela via feco-oral (de Groot e Horzinek, 1995). Os coronavírus felinos (FCoV) são frequentemente divididos em dois grupos: as estirpes altamente patogénicas, os vírus da peritonite infecciosa felina (FIPV) e as estirpes que causam uma doença ligeira ou nenhuma doença, os coronavírus entéricos felinos (FECV). O FIPV e o FECV estão estreitamente relacionados. Foi sugerido que as estirpes do FECV e do FIPV constituem os extremos de uma única população de vírus com um espetro de patogenicidade. O FCoV é membro do grupo 1 de coronavírus. O FCoV causa duas doenças clínicas diferentes: o Coronavírus entérico felino (FeCoV), que infecta os intestinos e que se encontra habitualmente em ambientes com vários gatos num estado de portador assintomático, causa seroconversão. O vírus da peritonite infecciosa felina (FIPV), que causa a peritonite infecciosa felina. A PIF é uma doença imunomediada produzida em resultado da infeção de macrófagos por estirpes mutantes do coronavírus entérico felino [Benetka, 2004]. Esta doença causa sinais clínicos multi-sistémicos graves no gato doméstico, para além de outros membros da família *Felidae*. Os gatinhos com idades compreendidas entre as 6 e as 16 semanas estão em maior risco; assim, a incidência de PIF é mais elevada em gatis onde os gatinhos são criados em associação com gatos adultos que são portadores subclínicos do coronavírus [Foley, 2001]. . Sabe-se que os gatos de raça pura estão predispostos ao desenvolvimento de PIF e que a maioria dos gatos desenvolve PIF com menos de 2 anos de idade. Quando um gato é infetado com FCoV, o vírus pode ser libertado nas fezes do gato durante semanas ou meses. No entanto, o gato não é imune à reinfeção através de contacto direto ou de fómites (Foley *et al.*, 1997; Poland *et al.*, 1996).

7.5.1. Sinais clínicos

Inicialmente, os gatos apresentam sinais inespecíficos e não localizados. Estes incluem febre, anorexia, inatividade, perda de peso, vómitos, diarreia, desidratação e palidez (anemia) que progridem à medida que a doença avança e, por fim, os sinais clínicos são dominados por efusões nas cavidades corporais na forma "húmida" da doença ou por achados específicos de órgãos na forma "seca" não efusiva. Alguns gatos manifestam caraterísticas de ambas as formas da doença (Addie,

2004).

7.5.2. Forma efusiva ("húmida") da PIF

Na forma efusiva da PIF, 85% dos gatos têm efusão inflamatória na cavidade abdominal e 35% têm efusão na cavidade torácica. A efusão abdominal (peritonite) provoca uma distensão progressiva e não dolorosa do abdómen com líquido, detectada por palpação e percussão de uma onda de líquido. Pode ocorrer inchaço escrotal em machos intactos como uma extensão direta do processo efusivo abdominal para as túnicas. Nesta forma, os gatos apresentam vómitos, diarreia e iterícia (Hohdatsu, 1998).

7.5.3. Forma não evasiva ("seca") de PIF

A forma não efusiva ou "seca" da PIF é caracterizada por inflamação piogranulomatosa e vasculite necrosante em vários órgãos. Estes incluem as vísceras abdominais (fígado, baço e rins), os olhos, o sistema nervoso central (SNC) e os pulmões. Os piogranulomas podem ser vistos como múltiplas massas nodulares branco-acinzentadas de tamanho variável na superfície e no parênquima dos órgãos afectados (Hohdatsu, 1998).

7.6. Coronavírus canino (CCoV)

A infeção por CCoV foi comunicada pela primeira vez no ano de 1971 por Binn em cães com enterite aguda numa unidade militar canina na Alemanha (Binn, 1974). O Coronavírus Canino é um membro do Grupo I de Coronavírus e causa uma doença intestinal altamente contagiosa em cães em todo o mundo. A investigação epidemiológica revelou que o CCoV de tipo I está disseminado na população canina da Turquia, Áustria e China. Em gatos da Áustria, foram identificadas sequências de proteínas M do tipo I. Nas fezes de raposas saudáveis, bem como de cães-guaxinim na China, foi detectado o CCoV. Este revelou um elevado grau de parentesco genético com isolados caninos de Itália no gene M. No que se refere ao potencial patogénico do CCoV de tipo I, os dados disponíveis são limitados, mas este vírus está certamente envolvido na gastroenterite aguda da população canina, tal como se verifica no caso do CCoV de tipo II. Em cães com infeção natural pelo CCoV de tipo I, foi registada a disseminação de vírus até aos 6 meses de idade (Pratelli *et al.*, 2002; Yesilbag *et al.*, 2004; Decaro *et al.*, 2005; Ma e Lu, 2005; Benetka *et al.*, 2006; Wang *et al.*, 2006).

O vírus invade e replica-se nas vilosidades do intestino delgado, cuja doença pode estar relacionada com a apoptose (morte celular programada) induzida pelo vírus nas células da mucosa epitelial do intestino delgado (Ruggieri *et al.*, 2007). Inicialmente, pensava-se que o coronavírus canino causava uma doença gastrointestinal grave. Atualmente, a maioria dos casos é considerada muito ligeira ou sem sintomas (Pratelli, 2005). Os cães infectados excretam CCV nas fezes durante 6-9 dias, mas a excreção pode ser prolongada em alguns animais (Appel, 1987; Keenan *et al.*, 1976). O modo mais provável de transmissão é através da

via fecal-oral. O principal alvo do CCoV é o epitélio do intestino delgado, cuja infeção lítica resulta em descamação e encurtamento das vilosidades duodenais e jejunais. As alterações patológicas foram observadas principalmente em cães infectados experimentalmente e são caracterizadas por alças intestinais dilatadas cheias de ingesta aquosa e fezes, mucosa congestionada ou edematosa e gânglios linfáticos mesentéricos edematosos (Appel, 1987; Takeuchi *et al.*, 1976; Greene, 1990; Keenan *et al.*, 1976). As alterações microscópicas são

caracterizada por atrofia e fusão das vilosidades intestinais, aprofundamento das criptas e aumento da celularidade da lâmina própria (Greene, 1990; Keenan *et al.*, 1976). A infeção das vilosidades intestinais pelo coronavírus torna as células mais susceptíveis à infeção pelo parvovírus, que causa uma doença muito mais grave do que a causada por qualquer um dos vírus separadamente (Ettinger *et al.*, 1995). A morte apoptótica das células infectadas é prejudicial, uma vez que provoca a destruição das células e dos tecidos, bem como respostas inflamatórias, pelo que a apoptose das células epiteliais da mucosa pode ser responsável pela patologia induzida pela infeção pelo CCoV (Ruggieri *et al.*, 2007). O período de incubação é de apenas um a três dias (Ettinger *et al.*, 1995). A doença é altamente contagiosa e propaga-se através das fezes de cães infectados. Normalmente, esses animais infectados libertam o vírus durante seis a nove dias e, por vezes, durante seis meses após a infeção (Pratelli, 2005). Os sintomas incluem diarreia, vómitos e anorexia. A seroprevalência e/ou incidência da infeção pelo coronavírus canino foi determinada em várias populações de cães no Reino Unido por Tennant *et al.* (1991), que verificaram que a seroprevalência variava entre 76% num canil de salvamento e 100% numa colónia de reprodução comercial.

A estirpe CB/05 do CCoV costuma apresentar proteínas estruturais e não estruturais que estão intactas na natureza com uma proteína S em estreita relação com a de outros CCoV de tipo II. A única alteração notável é a forma truncada da proteína não estrutural (NSP) 3b. É necessária a utilização do sistema de genética inversa para compreender se as alterações patobiológicas estão associadas à deleção na ORF da NSP 3b (Tennant *et al.*, 1991; Erles *et al.*, 2003). Num estudo realizado por Buonavoglia *et al.* (2006), foram descritas pela primeira vez infecções fatais em cães por vírus corona. Foi observada uma doença sistémica grave devido a infecções experimentais em cães. Mas a natureza não fatal da doença deve-se, muito provavelmente, à ocorrência de infeção em diferentes grupos etários, de 6 meses a 2 anos. Para os cães de natureza doméstica, o aparecimento de variantes do CCov deve, por conseguinte, ser considerado como uma ameaça potencial e deve ser tido em consideração quando se verifica a ocorrência de uma doença fatal inexplicável em cachorros. A estirpe CB/05 foi isolada dos órgãos internos de cachorros que tinham morrido de uma doença sistémica. Através da análise filogenética das proteínas estruturais, verificou-se que a proteína da espícula (S) se agrupava com a estirpe 79-1683 do coronavírus felino tipo II, ao passo que as proteínas do envelope (E), da membrana (M) e do nucleocapsídeo (N) segregavam juntamente com a estirpe de referência Purdue do vírus da gastroenterite transmissível dos suínos (Decaro, *et al.*, 2007 & 2013).

Sendo as principais causas virais de diarreia nos cachorros, prevalece a confusão entre o Coronavírus Canino e o Parvovírus Canino, que são clinicamente indistinguíveis, mas são bastante diferentes no seu efeito final; o Coronavírus Canino raramente mata o cachorro, enquanto o Parvovírus Canino o faz frequentemente. O CCoV também difere da diarreia produzida pelo Parvovírus pelo facto de raramente conter sangue digerido (Appel, 1988).

7.6.1. Coronavírus respiratório canino (CRCoV)

O coronavírus respiratório canino (CRCoV) foi isolado pela primeira vez no Reino Unido em 2003, a partir de amostras de pulmão de cães (Erles, 2003) e, desde então, foi encontrado no continente europeu (Decaro *et al.*, 2006) e no Japão (Yachi *et al.*, 2006). Um estudo serológico realizado em 2006 também demonstrou a presença de anticorpos contra o CRCoV em cães do Canadá e dos Estados Unidos (Priestnall *et al.*, 2006). No entanto, um estudo retrospetivo realizado em Saskatchewan revelou que o CRCoV pode ter estado presente em 1996 (Yachi *et al.*, 2006). O CRCoV mostrou uma estreita semelhança genética com o CoV bovino nas proteínas replicase e spike. A análise da sequência do gene S da estirpe T101 do CRCoV revelou uma identidade nucleotídica de 97,3% e 96,9% com os CoV do grupo 2, BCoV e HCoV-OC43, respetivamente, sugerindo a existência de antepassados comuns e a ocorrência de repetidas mudanças de espécies hospedeiras (Vijgen, 2006; Erles, 2006).

O CRCoV é um membro dos Coronavírus do Grupo II. O vírus afecta mais o trato respiratório do que o intestino, provocando tosse, espirros e corrimento nasal, e é um dos organismos envolvidos na "tosse do canil" ou CIRD, que é mais frequentemente observada quando um grande número de cães é alojado em conjunto em abrigos de animais, exposições caninas e pistas de corridas de cães, para além do canil de embarque.

7.7. Coronavírus equino

A diarreia em cavalos jovens já foi associada a *Cryptosporidium* sp., *Escherichia coli*, *Proteus* sp., rotavírus e coronavírus (Durham *et al.*, 1979; Mair *et al.*, 1990), mas este último é de especial interesse, uma vez que também pode causar uma síndrome entérica aguda em equinos, inicialmente designada febre de Potomac (Huang *et al.*, 1983). O coronavírus equino (ECoV) foi identificado pela primeira vez nas fezes de um potro com diarreia. Foram identificadas partículas semelhantes ao coronavírus em cavalos com febre do cavalo de Potomac e em potros jovens que sofrem de enterocolite fatal (Bass *et al.*, 1973; Huang *et al.*, 1983; Oue, 2011). Quando as sequências de aminoácidos e do genoma do ECoV foram comparadas com as de outros coronavírus de aves e mamíferos, verificou-se que o ECoV era relativamente semelhante aos coronavírus do grupo II, como o vírus da hepatite murina (MHV) e o coronavírus humano (HCoV) OC43 e, em particular, aos coronavírus bovinos (BCoV) (Guy *et al.*, 2000; Zhang *et al.*, 2007). Numa experiência realizada por Suzuki *et al.* (2008), verificou-se que o ECoV produzia uma morte celular caraterística ao causar apoptose em linhas celulares de cultura MDBK através de uma via dependente da caspase que pode ser activada por uma interação entre a proteína do vírus e os factores de sinalização da superfície celular com a participação das vias apoptóticas mediadas pelo recetor de morte e mitocondrial.

Pusterla *et al.* (2013) efectuaram um estudo para descrever os resultados clínicos, hematológicos e de PCR fecal de vários cavalos envolvidos em surtos associados ao ECoV. Na maioria dos casos, verificou-se que a infeção por ECoV estava associada a cavalos adultos. Os principais sintomas clínicos incluem: anorexia, letargia e febre. Alguns dos cavalos de explorações que sofreram surtos foram eutanasiados, mas não foi possível determinar a causa da morte na necropsia em 50% dos casos. Nos restantes 50% dos casos, suspeitou-se que os cavalos morreram devido a septicemia, que é secundária à translocação gastrointestinal. Foram observadas anomalias hematológicas, como leucopenia, através da realização de exames hematológicos, que se presumiu serem devidas a neutropenia e/ou linfopenia. Entre o estado clínico e a deteção por PCR, verificou-se que a concordância global foi de 91%. Este estudo sugeriu que, em mangueiras adultas, o ECoV está associado a anomalias clínicas e hematológicas que são de natureza auto-limitada.

7.8. Coronavírus aviário

Os coronavírus aviários estão localizados no Grupo 3 (Gammacoronavírus), que inclui o vírus da bronquite infecciosa (IBV), o coronavírus do peru (TCoV) (também conhecido como vírus da doença de bluecomb), o coronavírus da enterite do peru, o coronavírus do ganso, o coronavírus do pato e o coronavírus do faisão (PhCoV) (Guy, 2000; Cavanagh, 2001; Cavanagh *et al.*, 2002; Cavanagh, 2005).

Na China, os coronavírus foram isolados de pavão (Pavo), galinha-d'angola *(Numida meleagris*, também isolada no Brasil), perdiz (Alectoris) e também de uma ave não galinácea, o marreco (Anas). Todas estas aves foram criadas na proximidade de aves domésticas e, curiosamente, os vírus estavam estreitamente relacionados, em termos de organização do genoma e de sequências genéticas, com a estirpe vacinal H120 IB. No entanto, apenas o isolado de marreco era possivelmente uma estirpe de campo de um IBV nefropatogénico. Mais recentemente, foram detectados coronavírus do Grupo 3 no ganso cinzento *(Anser anser)*, para além do pato-real *(Anas platyrhynchos)* e do pombo *(Columbia livia)* (Cavanagh, 2005; Jonassen *et al.*, 2005).

A inoculação experimental do TCoV em galinhas resultou na replicação no trato alimentar, embora de forma assintomática (Ismail *et al.*, 2003). A inoculação de galinhas com vários PhCoVs resultou na produção de anticorpos, indicativos de replicação, mas sem doença (Gough *et al.*, 1996). Assim, estes vírus têm a capacidade de se replicar noutros hospedeiros, mas podem não causar doença.

Ito *et al.* (1991) isolaram um coronavírus antigenicamente relacionado com o IBV de galinhas-d'angola com 5 e 10 dias de idade, com um historial de baixo consumo de ração e enterite que levou à morte.

Os processos de mutação e recombinação estão envolvidos nas variações genéticas e fenotípicas dos vírus ARN. Isto leva ao aparecimento de novas estirpes variantes, bem como à diversidade da população de vírus a ser modelada pelo hospedeiro, em particular pelo sistema imunitário. De acordo com Chakraborty *et al.* (2012), o mesmo mecanismo está envolvido no caso do vírus da bronquite infecciosa (IBV) em galinhas, cuja consequência é o aparecimento contínuo de novas variantes do IBV no que respeita a patotipos, serotipos e protecotipos.

A bronquite infecciosa (IB) é uma doença altamente contagiosa que se manifesta tanto na forma respiratória como na forma de nefrose. As práticas intensivas de criação de aves de capoeira; a indústria avícola, que está a crescer rapidamente; a tendência crescente de comércio a nível mundial, juntamente com a imensa pressão das vacinas, estão principalmente associadas à evolução da IB. A mutação espontânea e a recombinação durante o processo de replicação do vírus, seguida da replicação do fenótipo favorecida pela seleção, são responsáveis pelo aparecimento de novas variantes do vírus da IB. Este facto é responsável por causar significativamente a doença em bandos vacinados. Surgiram vários fenótipos, bem como variantes, devido à vacinação de forma generalizada; a pressão de seleção imunitária que envolve a subunidade S1 do gene S, juntamente com um elevado grau de mutação do genoma viral (Abdel-Moneim *et al.*, 2012; Abro *et al.*, 2012). Os vírus variantes são encontrados em relação ao aparecimento de proteínas virais que são selecionadas positivamente e que sofreram mutação de ponto único ou recombinação no domínio antigénico que ocorre espontaneamente. A virulência é alterada devido a essas mutações, fazendo com que o vírus escape à defesa do hospedeiro (Jackwood *et al.*, 2005; Kuo *et al.*, 2013).

A doença propaga-se geralmente por aerossol, pelo que tem uma importância económica considerável na indústria dos frangos de carne. Existem muitos tipos antigénicos no vírus da bronquite infecciosa (IBV); por exemplo, os serotipos Massachusetts, D274, 793B e B1648. O tipo Massachusetts foi o primeiro a ser isolado na Europa, na década de 1940 (Cavanagh e Davis, 1992a). O tipo D274 foi o mais comum em vários países da Europa Ocidental no início e em meados da década de 1980 (Cavanagh *et al.*, 1992; Cook, 1995; Davelaar *et al.*, 1984). O tipo 793/B foi identificado pela primeira vez no Reino Unido em 1990/1991 (Gough *et al.*, 1992; Parsons *et al.*, 1992) e, ao mesmo tempo, verificou-se retrospetivamente que estava presente em França desde 1985 (Cavanagh *et al.*, 1998). O tipo 793/B era o tipo dominante que infectava frangos de carne no Reino Unido (Cavanagh *et al.*, 1999). O tipo B1648 foi isolado na Bélgica em 1984 (Meulemans *et al.*, 1987) e a sua presença foi também confirmada por Capua *et al.* (1999) em Itália.

O IBV provoca principalmente doenças respiratórias nas aves infectadas e também uma queda na produção de ovos nas poedeiras e nas reprodutoras. O IBV replica-se principalmente nos tecidos respiratórios superiores e também nos rins e ovidutos, causando uma diminuição da produção de ovos. As galinhas de todas as idades são susceptíveis. Os pintos muito jovens apresentam sinais respiratórios mais graves e uma mortalidade muito mais elevada do que as aves mais velhas. As estirpes nefropatogénicas podem produzir nefrite intersticial, rins inchados e pálidos, com túbulos e ureteres distendidos com uratos, levando a uma mortalidade elevada (até 60%) em galinhas jovens. Nas poedeiras, a queda na produção de ovos pode ser da ordem dos 5-50%, e os ovos são frequentemente deformados, de casca fina e contêm albúmen aguado [Cook, 1995].

7.8.1. Coronavírus da Turquia

Os coronavírus dos perus são membros do grupo III de coronavírus (Gammacoronavírus) e infectam especialmente as aves de capoeira. Isto conduz a uma doença gastrointestinal. Trata-se de um vírus pleomórfico com invólucro, também conhecido como vírus da enterite do peru ou vírus da doença de Bluecomb. A transmissão é horizontal, através das fezes, e pode ser direta ou indiretamente disseminada por fómites. A doença foi registada na América do Norte, na Europa e no Brasil (Culver, 2006; Teixeira, 2007). A infeção pelo TCoV manifesta-se como doença gastrointestinal, como diarreia, anorexia, letargia, pele escurecida e penas eriçadas.

Nos EUA, o coronavírus da Turquia é um dos agentes patogénicos responsáveis pela Síndrome de Enterite e Mortalidade dos Borrachos (PEMS) em aves até 1 mês de idade. A mortalidade pode ser elevada nos pintos. As aves que recuperam permanecem imunes durante toda a vida, mas podem tornar-se portadoras. Os métodos virológicos convencionais para a deteção do TCoV incluem o isolamento do vírus (VI), o ensaio de anticorpos imunofluorescentes (IFA) e a reação em cadeia da polimerase com transcriptase reversa (RT-PCR) (Pantin-Jackwood, 2008; Chen, 2010a).

7.9. Coronavírus murino

Os coronavírus murinos, tipificados pelo vírus da hepatite murina (MHV), são capazes de produzir infecções de natureza aguda ou persistente, cuja determinação do mecanismo de resultado permanece mal compreendida. O MHV é um coronavírus do grupo II e é um agente patogénico natural dos ratos. O vírus é ubíquo na natureza, infectando tanto os seres humanos como os animais, para além dos ratos. Provoca doenças respiratórias, gastrointestinais e neurológicas nos seres humanos e nos animais. Nos ratos, infecta normalmente o fígado, o trato gastrointestinal e o sistema nervoso central (SNC). Assim, desenvolve-se uma vasta gama de doenças nos ratos, *nomeadamente* hepatite, gastroenterite e encefalomielite aguda e crónica [Cheever, 1949]. O MHV replica-se primeiro nas células ependimárias dos ventrículos laterais após a infeção intracraniana. Segue-se a propagação do vírus por todo o parênquima e as células-alvo são os astrócitos, os oligodendrócitos e a microglia. Um dos principais efeitos citopatogénicos da infeção pelo MHV é a produção de sincícios, um efeito mediado pela glicoproteína viral E2 (Collins *et al.*, 1982). A patogénese do MHV depende de vários factores que incluem a via de inoculação, para além da estirpe viral e do historial do rato. A glicoproteína spike do MHV reconhece o recetor da célula hospedeira, a molécula de adesão celular ao antigénio carcinoembrionário (CEACAM-1) [Compton, 1992].

As estirpes estão divididas em dois grupos: enterotrópicas ou politrópicas, de acordo com os padrões de tropismo tecidular, tendência para se disseminarem e virulência (Homberger *et al.*, 1998). As estirpes enterotrópicas, como a D, DVIM e NuU, são menos virulentas do que as estirpes politrópicas, como a 1, 2, 3, JHM e A59; os ratos adultos imunocompetentes infectados com estirpes enterotrópicas não apresentam sintomas clínicos (Homberger, 1998). No entanto, as estirpes enterotrópicas são consideradas mais contagiosas do que as estirpes politrópicas. A infeção pelo MHV pode afetar seriamente a qualidade da investigação biomédica. O MHV é transmitido por contacto com ratos portadores aparentemente saudáveis através de aerossóis respiratórios, fezes, contacto direto e fómites. A deteção precoce de ratos portadores é, por conseguinte, muito importante para eliminar esta infeção altamente contagiosa das colónias de ratos (Boorman *et al.*, 1982; Cook-Mills *et al.*, 1992; Torrecilhas *et al.*, 1999).

A infeção do rato pelo MHV é considerada um dos melhores modelos animais para o estudo de doenças desmielinizantes, como a esclerose múltipla. O MHV é eliminado principalmente pela resposta imunitária mediada por células e, na ausência de células B, os anticorpos são essenciais para evitar a reemergência do vírus no SNC após a eliminação inicial mediada por células T (Bergmann,

1993; Houtman, 1996).

7.10. Coronavírus do morcego (BtCoV)

Os morcegos são mamíferos amplamente distribuídos, altamente diversificados e extremamente móveis, com um papel estabelecido como hospedeiros de vírus de ARN emergentes, entre os quais os coronavírus ocupam uma distribuição excecionalmente ampla. Os coronavírus dos morcegos têm o potencial de causar doenças nos seres humanos e nos animais. Os morcegos podem ser portadores persistentemente infectados que libertam baixos níveis de coronavírus nas fezes. Tal como na epidemia de SARS, os morcegos podem desempenhar um papel na futura emergência de coronavírus nos seres humanos ou noutras espécies (Poon *et al.*, 2005; Drexler, 2010; Pfefferle, 2009a; Lau *et al.*, 2010 & 2012; Quan, 2010; Gouilh *et al.*, 2011; Woo *et al.*, 2012).

7.11. Coronavírus do coelho (RbCoV)

O RbCoV HKU14 pertence aos CoVs do subgrupo A do Betacoronavírus e possui mais de 90% de identidades de aminoácidos com membros do Betacoronavírus 1 em dois (ADRP e NendoU) dos sete domínios de replicase conservados para a demarcação de espécies de coronavírus pelo ICTV (de Groot, 2011; Lau, 2012a).

O RbCoV HKU14 causa miocardite em coelhos. É originário de amostras contaminadas de *Treponema pallidum* utilizadas num modelo de infeção de coelhos na Universidade Johns Hopkins, onde foi detectado por microscopia eletrónica e se verificou que reagia de forma cruzada com alfacoronavírus, incluindo o coronavírus humano 229E (HCoV 229E), o vírus da peritonite infecciosa felina, o vírus do coronavírus canino e o vírus da gastroenterite transmissível, em ensaios serológicos (Small, 1987). O RbCoV foi utilizado como modelo para a miocardite e a cardiomiopatia dilatada induzidas pelo vírus (Alexander, 1992).

7.12. Coronavírus humano

Os coronavírus humanos (HCoV) são aceites como uma das principais causas de doenças do trato respiratório nos seres humanos. Cinco coronavírus infectam atualmente os seres humanos: Os HCoV 229E e OC43 foram identificados na década de 1960, o SARS-CoV em março de 2003, durante a epidemia de SARS, e os HCoV NL63 e HKU1 em 2004 e 2005, respetivamente (Vabret *et al.*, 2009; Huynh *et al.*, 2012). O HCoV-229E e o HCoV-OC43 estão principalmente associados a constipações comuns (Myint, 1995; Lau *et al.*, 2011) e não só estão limitados a infecções do trato respiratório superior, como também podem causar doenças graves do trato respiratório inferior (Van Elden *et al.*, 2004). O pico de incidência da infeção ocorre no inverno e na primavera (Lina *et al.*,

1996). A replicação do vírus é óptima a 33-34°C e tem lugar nas células ciliadas do epitélio nasal (Afzelius, 1994).

Outra doença causada por um coronavírus humano é a síndrome respiratória aguda grave (SRA), uma forma de pneumonia que ameaça a vida e progride rapidamente, que surgiu pela primeira vez na província de Guangdong, China, em novembro de 2002 (Zhao, 2003). Acredita-se geralmente que o vírus evoluiu a partir do coronavírus animal e atravessou a barreira das espécies para os humanos (Guan *et al.*, 2003). O vírus da SRA propaga-se principalmente por via respiratória e, possivelmente, por via feco-oral (Poutanen e McGeer, 2004). Acredita-se geralmente que o vírus não é transmitido de casos assintomáticos para contactos (Lee *et al.*, 2003). Os sinais clínicos incluem sintomas semelhantes aos da gripe, febre, arrepios, rigidez, mialgia, mal-estar geral, tosse seca juntamente com rinorreia, falta de ar e sintomas gastro-intestinais, *isto é,* náuseas, vómitos e diarreia (Rainer, 2004). O diagnóstico laboratorial da SRA é baseado na RT-PCR e na serologia. A RT-PCR é feita a partir de amostras de aspirado nasofaríngeo e zaragatoas e, se disponíveis, de amostras do trato respiratório inferior (Emery *et al.*, 2004). A gravidade da doença SRA pode ser diminuída com ribavirina, oseltamivir e terapia imunossupressora com esteróides (Cyranoski, 2003).

O SARS-CoV utiliza um novo recetor do hospedeiro, *a* Enzima Conversora de Angiotensina 2 (ACE2), para se fixar e entrar. A Spike, a proteína de ligação viral, foi amplamente caracterizada como determinante da especificidade do hospedeiro e como alvo terapêutico. A patologia da SRA tem sido associada a danos alveolares difusos, proliferação de células epiteliais e um aumento de macrófagos. Infiltrados de células gigantes multinucleadas de origem macrofágica ou epitelial têm sido associados a uma formação semelhante a um sincisto, que é caraterística de muitas infecções por vírus corona (Nicholls, 2003). A linfopenia, a hemofagocitose nos pulmões e a polipatrofia branca do baço são caraterísticamente observadas nos doentes com SRA.

8. Imunidade às infecções pelo vírus corona

A imunidade localizada é fundamental para minimizar o impacto das infecções por coronavírus nas superfícies das mucosas respiratórias e do TGI (Gustafson *et al.*, 1996). A Ig predominante no leite é a Ig A em espécies com estômago simples e IgG1 em ruminantes (Lamm *et al.*, 1996). Durante as primeiras semanas de vida, os mamíferos neonatais dependem da IgG colostral para a imunidade passiva (Kapil *et al.*, 1994). Este tipo de proteção é conhecido como imunidade lactogénica e persiste até que a IgG colostral diminua. A Ig A secretora é gerada pelo hospedeiro sob a forma de imunidade ativa. Esta forma de imunidade é dependente do antigénio e está constantemente em fases de reinfeção, reestimulação e proteção localizada (El-Kanawati *et al.*, 1996). A proteção contra infecções entéricas e respiratórias por coronavírus é mais eficazmente mediada pela imunidade passiva ou ativa da mucosa no local primário de replicação viral. As proteínas do coronavírus actuam apenas como imunogénios (Saif e Heckeret, 1990 e Saif, 1993).

Proteína Spike - a maior parte da investigação centrou-se na proteína S como candidata à vacina contra o coronavírus, uma vez que induz anticorpos neutralizantes do vírus (VN). A S1 é o principal indutor de anticorpos monoclonais neutralizantes. A proteína S também apresenta atividade HA (Yoo *et al.*, 1991). Proteína HE - estimula a produção de anticorpos monoclonais neutralizantes do vírus e inibidores da hemaglutinação contra o Cov.

Proteína N - liga-se ao ARN do virião e fornece a base estrutural para o nucleocapsídeo helicoidal. Além disso, a imunização de ratinhos com um produto de expressão do nucleocapsídeo pEX induz respostas de CMI medidas num teste de proliferação de linfócitos; não se detecta qualquer resposta de CMI após a imunização com produtos de expressão da proteína S pEX. Assim, os epítopos na proteína N do coronavírus podem ser importantes para a indução de CMI.

Os suínos infectados por um coronavírus respiratório (PRCoV) apresentam células secretoras de anticorpos IgG específicos do vírus nos gânglios linfáticos brônquicos, ao passo que o coronavírus da gastroenterite transmissível (TGEV) induziu mais células secretoras de anticorpos IgA nos tecidos intestinais, o que ilustra a importância da via de administração do antigénio para a indução de mecanismos efectores da imunidade local.

9. Diagnóstico de infecções pelo vírus corona

A diarreia neonatal do vitelo é uma síndrome de etiologia múltipla dos bovinos e a deteção direta dos dois principais agentes da síndrome, *nomeadamente o* rotavírus do grupo A e o coronavírus bovino (BCoV), é dificultada pelo seu crescimento fastidioso em cultura de células (Asano *et al.,* 2010). O isolamento do vírus não é bem sucedido porque o virião é difícil de adaptar à cultura de células e está presente em excreções e secreções que contêm bactérias e outros compostos que são citotóxicos para a cultura de células (Saif, 1993)

9.1. Amostragem

As infecções entéricas por coronavírus são geralmente diagnosticadas através do exame de amostras fecais (Clark, 1993). As infecções respiratórias por Coronavírus são diagnosticadas através do exame de esfregaços nasofaríngeos (NPS), esfregaços orofaríngeos (OPS), lavagens broncoalveolares, secreções endotraqueais e expetoração em meio de transporte de vírus (VTM), colhidos no prazo de 14 dias após o início dos sintomas (Hartel *et al.,* 2004). O soro deve ser colhido em ambos os casos. A amostra de sangue pode ser colhida em caldo BHI para doentes com sinais e sintomas de septicemia. Devem ser colhidas amostras de tecido fresco *(por exemplo,* pulmões, intestino, gânglio linfático mesentérico, amígdala, mucosa nasal e traqueia, cérebro e rim, etc.). De acordo com Decaro *et al.* (2008a), as zaragatoas nasais, oculares e rectais são as melhores amostras para o diagnóstico da infeção coronaviral bovina.

9.2. Microscopia eletrónica

A microscopia eletrónica é utilizada habitualmente para o diagnóstico de vírus entéricos. As vantagens da microscopia eletrónica são que o diagnóstico pode ser feito rapidamente e que podem ser detectados simultaneamente vários agentes patogénicos, uma caraterística comum na enterite. No entanto, a microscopia eletrónica tem algumas limitações; devem estar presentes aproximadamente 1 milhão de partículas virais para detetar um vírus por microscopia eletrónica. Por conseguinte, carece de sensibilidade e pode conduzir a resultados falso-negativos. Inicialmente, as preparações coradas negativamente foram examinadas por microscopia eletrónica, mas a identificação exacta do vírus era difícil (Stair *et al.,* 1972; Durham *et al.,* 1979).

9.2.1. Microscopia eletrónica com imunogold

Foi desenvolvida uma técnica de microscopia imunoelectrónica de ouro coloidal em fase sólida (IGEM) para a deteção do coronavírus, que é específica. A técnica IGEM é simples, eficiente e menos suscetível do que outras a reacções inespecíficas. Esta nova técnica permite que as partículas semelhantes ao coronavírus sejam diagnosticadas com exatidão como coronavírus ou detritos e deverá revelar-se útil no estudo epidemiológico da doença (El-Ghorr *et al.*, 1988).

9.3. Isolamento do vírus

Sabe-se que os coronavírus são difíceis de adaptar às células em cultura (McIntosh, 1974). Apesar dos problemas de isolamento do vírus, o BoCv foi agora cultivado em culturas de órgãos traqueais e intestinais (Stott *et al.*, 1976; Bridger *et al.*, 1978; McNulty *et al.*, 1984) e também num grande número de linhas celulares, incluindo o tumor rectal humano-18 (HRT-18), Vero, MDBK e MDCK (Dea *et al.*, 1980; Schultze *et al.*, 1991). A adição de tripsina exógena aumenta ou promove o crescimento do BoCv em muitas linhas celulares, incluindo Vero, Tiroide Fetal Bovina (BFTy), Cérebro Fetal Bovino (BFB) e Pulmão Embrionário Bovino (BEL) (Dea *et al.*, 1980; Storz *et al.*, 1981; Toth, 1982). O crescimento do vírus em passagens iniciais na cultura de células é tipicamente sem a produção de um efeito citopático reconhecível (CPE). As passagens posteriores podem resultar num efeito citopático marcado, caracterizado pela formação de sincícios e pelo descolamento das células. No entanto, o efeito citopático exato varia consoante a estirpe do vírus e o tipo de célula hospedeira. As placas são observadas quando as culturas inoculadas são sobrepostas com agarose e a adição de tripsina pode aumentar tanto o ECP como a formação de placas (Storz *et al.*, 1981, Vautherot, 1981; Hirano *et al.*, 1985). A HRT-18, derivada de adenocarcinomas do reto humano, foi considerada uma linha celular adequada para o isolamento de BoCv (Kapil, 1991).

As enzimas proteolíticas (tripsina e/ou pancreatina) adicionadas ao meio de cultura celular melhoram o isolamento dos BoCv nas linhas celulares HRT-18 (Storz *et al.*, 1981). Mesmo para a propagação subsequente de BoCv isolados, a presença de tripsina e pancreatina é essencial. A melhor altura para utilizar culturas de células HRT-18 é 24 horas após as monocamadas se tornarem confluentes; as alterações citopáticas devidas ao BoCv eram mais distintas nesta altura. A tripsina foi necessária para a clivagem da proteína de 185 kda para a forma de 100 kda, que é necessária para a ativação da fusão celular (St. Cyr Coats *et al.*, 1988).

9.4. Amplificação Isotérmica Mediada por Loop (LAMP)

A amplificação isotérmica mediada por laço (LAMP) é um novo método de amplificação de ácidos nucleicos que amplifica o ADN/ARN com elevada especificidade, sensibilidade e rapidez em condições isotérmicas [Notomi, 2000]. A amplificação isotérmica mediada por RT-loop (LAMP) é mais simples, utilizando apenas um banho de água ou um bloco térmico, e é altamente eficiente porque a reação é isotérmica e não requer tempo para alterações térmicas [Notomi, 2000].

O ensaio RT-LAMP é uma ferramenta sensível e específica para a deteção rápida e o diagnóstico do ARN viral a partir de tecidos e fezes recolhidos de aves infectadas experimental e naturalmente com o Turkey coronavirus (TCoV) em laboratórios simplesmente equipados e em condições de campo nos países em desenvolvimento (Cardoso, 2010).

O método LAMP foi aplicado ao sistema de deteção qualitativa e quantitativa do TGEV. Não foi observada qualquer reação cruzada com outros vírus e o limite de deteção foi de cerca de 10 pg de ARN (10 vezes mais sensível do que o da PCR), podendo ser comparável ao da nested-PCR (Chen, 2010).

Foi utilizado um ensaio de transcrição reversa quantitativa acelerada em tempo real (RT), em tubo único, de amplificação isotérmica mediada por laço (LAMP) para a deteção rápida do gene da replicase do coronavírus da síndrome respiratória aguda grave (SARS-CoV) (Hong, 2004; Poon, 2005a). O RT-LAMP é um método mais conveniente e eficaz para o diagnóstico da infeção pelo vírus da hepatite murina (MHV) em colónias de ratinhos (Hanaki, 2012).

9.5. HEHA

Um método alternativo, o ensaio de hemadsorção-eluição-hemaglutinação (HEHA) (Van Balken *et al.*, 1979), baseia-se na adsorção selectiva do vírus para eluição a partir de eritrócitos de rato a diferentes temperaturas. O HEHA apresenta ocasionalmente reacções não específicas devido à natureza complexa das fezes (Viscide *et al.*, 1984). O método mais simples consiste em utilizar um teste HA seguido de um teste HAI para verificar a especificidade do BoCv (Sharpee *et al.*, 1976; Sato *et al.*, 1977).

9.6. ELISA

O teste ELISA é provavelmente o teste de diagnóstico mais utilizado para o BoCv. Os primeiros ensaios baseavam-se na utilização de anti-soros policlonais (Reynolds *et al.*, 1984), mas mais recentemente foram incorporados mAbs para melhorar a especificidade destes testes (Crouch *et al.*, 1984). Em particular, o ensaio de imunoabsorção enzimática com captura de anticorpos monoclonais (MAb) foi utilizado para a deteção do coronavírus entérico bovino (Crouch *et al.*, 1984) e a sensibilidade do ELISA foi de 104 partículas de coronavírus bovino por ml de suspensão fecal a 10%. Em comparação com a microscopia eletrónica, o ELISA para o BoCv teve uma especificidade de 96%. O teste ELISA é económico, rápido, sensível e específico para o BoCv. O teste ELISA tem a vantagem distinta de produzir resultados rápidos. O teste BoCv-ELISA foi considerado útil para o rastreio de amostras clínicas de animais que apresentem diarreia ou penumoenterite. A prova ELISA é também utilizada como padrão de ouro, tendo sido detectada em 20,3% por microscopia eletrónica (Reschova *et al.*, 2001).

9.7. Técnica de anticorpos fluorescentes

A deteção do antigénio do coronavírus nas células do intestino infetado utilizando a técnica do anticorpo fluorescente (FAT) foi descrita por Woode *et al.* (1978), mas depende da remoção do tecido muito pouco tempo após a morte e a maioria dos antigénios está presente no início do curso da doença.

9.8. Imunohistoquímica

De acordo com Zhang *et al.* (1997), a imunohistoquímica com MAb Z3A5 teve uma sensibilidade de 82%, uma especificidade de 97% e uma exatidão de 90% para o diagnóstico de infeção coronaviral.

9.9. Deteção de anticorpos contra o BoCv

Foram desenvolvidos testes ELISA de captura de isótipos para IgA e IgM específicas do BoCv no leite e no soro, que são úteis para discriminar entre infeção primária e reinfeção (Smith *et al.*, 1998; Naslund *et al.*, 2000).

9.9.1. Métodos de deteção baseados em ácidos nucleicos:

9.9.1.1. RT-PCR

O ensaio RT-PCR é útil para detetar pequenas quantidades de ácidos nucleicos e é amplamente utilizado para o diagnóstico de doenças infecciosas. A amplificação por RT-PCR do ARN do BoCv a partir de amostras fecais foi descrita e a sua sensibilidade foi registada por Tsunemitsu (1999). Verificou-se que a RT-PCR é mais sensível do que o kit ELISA comercial para a deteção do BCoV em amostras fecais (Hansa *et al.*, 2012). A localização genómica dos produtos de PCR foi os nucleótidos 92-480 do gene do nucleocapsídeo do BoCv. A RT-PCR para o BoCv foi positiva em 38,9% das amostras e as sequências tinham identidades de 98% com as estirpes de referência do BoCv (DB2: GenBank DQ811784; OK-0514-3; Genbank AF058944; R-AH-187; GenBank EF24620; E- AH187; GenBank EF424619) (Klein *et al.*, 2008). Para a avaliação dos ensaios rápidos para o BoCv, os RT-PCR foram considerados os padrões de ouro, tendo em conta a sua elevada sensibilidade e especificidade (Tsunemitsu *et al.*, 1991). As infecções por FCoV são diagnosticadas por métodos serológicos ou, se os animais libertarem o vírus nas fezes, por RT-PCR (Addie e Jarret, 2001; Addie *et al.*, 2003, 2004). O ensaio de PCR em tempo real é um ensaio altamente específico e sensível que pode ser aplicado para fins de diagnóstico, bem como para investigar o tropismo tecidular do CRCoV (Mitchell, 2009). A deteção do SARS-CoV é difícil e baseia-se principalmente na RT-PCR (Vabret *et al.*, 2009).

Os ensaios imunocromatográficos rápidos para a deteção de infecções por coronavírus bovino (BCV), rotavírus A e *Cryptosporidium parvum* em fezes de vitelos foram avaliados utilizando a RT-PCR específica para BCV e rotavírus como padrões de ouro, que mostram uma elevada especificidade de 96,4% e 95,3%, respetivamente, e uma sensibilidade relativamente baixa de 60,0% e 71,9%, respetivamente, de acordo com o relatório de Klein *et al.* (2009).

9.9.1.2. RT-PCR multiplex

Cho *et al.* (2010) conceberam um painel de PCR multiplex em tempo real que pode detetar simultaneamente 5 dos principais agentes causadores de diarreia de vitelos (BoCv, Rotavírus do Grupo Bovino A, *Salmonella, E. coli K99+* e *C. parvum)* em 4 horas. Por conseguinte, pode reduzir significativamente os custos, a mão de obra e o tempo de execução.

Foi também concebida uma reação em cadeia da polimerase (PCR) multiplex para a deteção diferencial do coronavírus do peru (TCoV), do coronavírus da bronquite infecciosa (IBV) e do coronavírus bovino (BCoV). Os iniciadores foram concebidos a partir de regiões conservadas ou variáveis do gene da proteína do nucleocapsídeo (N) ou da proteína da espícula (S) entre o TCoV, o IBV e o BCoV. Trata-se de um método rápido, sensível e específico para a deteção diferencial do TCoV, do IBV e do BCoV numa única reação de PCR (Loa *et al.*, 2006).

9.9.1.3. PCR semi-nested

Takiuchi *et al.* (2006) descreveram a SN-PCR como uma ferramenta útil para o diagnóstico do BoCv em fezes de clavas naturalmente infectadas utilizando o gene N. O gene N foi escolhido por ele, porque é altamente conservado entre as estirpes de BoCv. A proteína N é o antigénio mais abundante nas células infectadas com coronavírus porque o seu modelo de ARN é o mais pequeno e tem o ARN sg mais abundante durante a transcrição. Consequentemente, a deteção do ARN do gene N pode ser vantajosa devido à sua elevada abundância nas células, facilitando uma elevada sensibilidade da técnica de diagnóstico.

O desenvolvimento de uma RT-PCR multiplex semi-nested para a deteção simultânea do BCoV (gene N) e do rotavírus do grupo A (gene VP1) com a adição de um controlo interno (mRNA ND5) revelou-se eficaz na deteção do BCoV e do rotavírus. O ensaio tem uma elevada sensibilidade e especificidade para a deteção simultânea de ambos os vírus a um custo reduzido. Isto constitui uma ferramenta importante para estudos sobre a etiologia da diarreia em bovinos (Stipp *et al.*, 2009; Asano *et al.*, 2010).

Estavam disponíveis várias técnicas para o diagnóstico rápido da infeção por TGEV, incluindo imunofluorescência, ELISA, hibridação de ácidos nucleicos e RT-PCR (Enjuanes e Van der Zeijist, 1995; Paton e Lowings, 1997; Kim *et al.*, 2000; Liu *et al.*, 2001). Sanchez *et al.* (1990) referiram a utilização de anticorpos monoclonais para distinguir os vírus do cluster TGEV, incluindo o PRCV.

9.9.1.4. Hibridação de microarray

A hibridação de microarranjos constitui a base de um teste de diagnóstico da infeção por coronavírus que utiliza oito estirpes de coronavírus: coronavírus canino (CCoV), vírus da peritonite infecciosa felina (FIPV) e coronavírus felino (FCoV), coronavírus bovino (BCoV), coronavírus respiratório suíno (PRCoV), coronavírus da enterite do peru (TCoV), vírus da gastroenterite transmissível (TGEV) e coronavírus respiratório humano (HRCoV). Os resultados mostraram que existia uma reação cruzada extensa entre o CCoV, o FCoV e o FIPV, o TGEV e o PRCoV. Mas não se registou qualquer reação cruzada entre o BCoV,

TCoV e HRCoV, e o chip genético específico final foi desenvolvido com fragmentos de ADN reamplificados a partir dos plasmídeos recombinantes escolhidos sem reação cruzada entre diferentes coronavírus, o que é seguido pela consideração dos resultados de hibridação que mostraram que este chip genético podia identificar e distinguir especificamente os oito coronavírus e a sensibilidade do chip pode ser 1.000 vezes mais sensível do que a PCR. Isto indica que este chip pode ser utilizado para o diagnóstico de oito infecções por coronavírus ao mesmo tempo (Chen *et al.*, 2010).

9.9.1.5. Teste de hibridação Dot blot

Os clones moleculares podem representar as primeiras 2160 bases da extremidade 3' do genoma do BoCv em ensaios de hibridação dot blot para detetar o ARN viral de culturas celulares e de amostras fecais. Além disso, Shockley *et al.* (1987) referiram que o ensaio de hibridação também podia detetar coronavírus antigenicamente estreitamente relacionados com o vírus parental, mas não coronavírus pertencentes a um subgrupo antigenicamente não relacionado.

10. Prevenção, tratamento e controlo da infeção pelo coronavírus

Os coronavírus estão rodeados por uma camada protetora de gordura que torna a partícula do vírus suscetível a detergentes e solventes que dissolvem as gorduras. Os coronavírus são facilmente disseminados no inverno, quando as temperaturas mais baixas e a intensidade da luz UV resultam numa maior estabilidade dos vírus no ambiente. A proteção contra os coronavírus entéricos depende da presença de níveis adequados de anticorpos específicos no lúmen intestinal, que são adquiridos passivamente da mãe através do colostro e do leite (Radostits *et al.*, 2007). Após a exposição natural à infeção, os recém-nascidos desenvolvem imunidade ativa ao vírus e são provavelmente os anticorpos IgA na superfície da mucosa que protegem contra a reinfeção (Saif, 1987; Heckert *et al.*, 1991).

Devido à elevada contagiosidade do BoCv e à falta de medidas de controlo completamente eficazes, devem ser envidados todos os esforços de gestão para evitar a propagação da infeção em objectos inanimados, como botas e equipamento, entre manadas (Radostitis *et al.*, 2007). Os vitelos que sofrem de enterite por BoCv devem ser tratados para repor a perda de fluidos e electrólitos que, de outra forma, podem levar a desidratação e acidose.

O coronavírus canino pode ser prevenido evitando o contacto cão a cão ou o contacto com objectos contaminados com o vírus. É aconselhável não levar o novo cachorro a locais onde outros cães o visitem frequentemente. Segundo Tennant *et al.* (1993), o coronavírus entérico é moderadamente resistente ao calor, bem como aos ácidos e desinfectantes, mas não tanto como o parvovírus.

Para controlar o coronavírus nos gatis de criação e nos abrigos, é necessário isolar as mães e os gatinhos do resto do gatinho à nascença, bem como desmamá-los numa idade precoce e retirá-los da mãe às 46 semanas de idade. Esta medida é altamente eficaz no controlo da propagação do coronavírus felino (Barlough, 1984; Addie *et al.*, 2009). O coronavírus do coelho pode ser morto por desinfectantes domésticos normais e temperaturas de 83°C. As lavagens frias não são provavelmente suficientes para matar este vírus.

10.1. Vacinação

O estado imunitário dos recém-nascidos susceptíveis contra o coronavírus pode ser aumentado através da vacinação de animais prenhes para aumentar o nível de imunidade adquirida passivamente ou através da vacinação de recém-nascidos para estimular a imunidade ativa (Clark, 1993).

A vacina contra o BoCv induz anticorpos séricos para a prevenção de diarreia neonatal de bezerros e disenteria de inverno (Takamura *et al.*, 2002). A vacinação intranasal com uma vacina viva modificada contra o BoCv reduz o risco de tratamento para a doença respiratória bovina em bezerros que entram num confinamento (Plummer *et al.*, 2004). Saif (2010) relata que, atualmente, não existem vacinas contra o BCoV para prevenir infecções respiratórias por BCoV em bovinos, e a correlação da imunidade a infecções respiratórias por BCoV é desconhecida.

Foi desenvolvida uma vacina viva modificada contra a forma respiratória da infeção pelo coronavírus bovino (BCoV) através da atenuação progressiva de uma estirpe respiratória (438/06-TN). Verificou-se que a vacina é segura para vitelos recém-nascidos privados de colostro que permanecem saudáveis após a administração oronasal da vacina, cuja imunogenicidade foi avaliada através da injeção intramuscular de uma dose de vacina em 30 vitelos de 2-3 meses de idade negativos para anticorpos contra o BCoV e, curiosamente, Decaro *et al.* (2009) referiram que, 30 dias após a vacinação, todos os vitelos vacinados apresentavam títulos elevados de anticorpos contra o BCoV.

Para o controlo do TGEV, estão disponíveis vacinas vivas modificadas e vacinas inactivadas. As vacinas vivas modificadas são utilizadas para administração oral a porcas prenhes, para induzir imunidade passiva, ou para administração oral a porcos lactantes ou desmamados (para induzir imunidade ativa). As vacinas inactivadas contra o TGEV são administradas por via intramuscular às porcas prenhes e por via intraperitoneal aos suínos lactantes ou desmamados. Em geral, estas vacinas induzem uma proteção passiva marginal contra o desafio do TGEV nos leitões lactentes (Saif & Jackwood, 1990a; Saif & Sestak, 2006).

A vacina está disponível para prevenir a infeção canina pelo coronavírus. Esta vacina contém uma combinação de vacinas, incluindo o vírus da esgana canina (CDV), o parvovírus canino (CPV-2) e o adenovírus canino tipo 2 (CAV-2). De acordo com Greene *et al.* (2001), os cachorros devem ser vacinados contra o coronavírus às 9 e 12 semanas de idade, mas os cães adultos não necessitam de reforços anuais.

Após a vacinação contra a proteína da espícula do VFIP, os gatos desafiados com o VFIP desenvolvem uma síndrome de morte precoce causada pelo aumento da infeção pelo vírus dependente de anticorpos. Assim, o desenvolvimento de uma vacina contra o FIPV continua a ser um desafio (Saif, 2004). As vacinas vivas atenuadas contra o Coronavírus, através da deleção dirigida de genes específicos do grupo, proporcionam proteção contra a Peritonite Infecciosa Felina. De acordo com o relatório de Haijema *et al.* (2004), a estirpe viva modificada e sensível à temperatura do coronavírus da PIF pode ser administrada como vacina intranasal (IN). Com o avanço no domínio da biologia molecular, surgiram novas vacinas, tais como Vacinas de ADN; vacinas subunitárias, bem como vacinas vectoriais que utilizam o gene da glicoproteína S1, juntamente com vacinas de genética inversa, estão a ser ensaiadas em vários laboratórios para combater a infeção por IBV. O conceito de imunização contra o IB foi revolucionado pela utilização da vacina de ADN, que é baseada na proteína spike. A conceção de uma vacina à medida pode ser feita para se adequar às estirpes de IBV que prevalecem localmente. Isto ajuda a evitar a ameaça de reversão da virulência das estirpes vivas atenuadas. Também foram concebidas vacinas recombinantes e baseadas em vectores para introduzir antigénios de dois ou mais vírus que podem atuar como vacinas multivalentes, proporcionando assim proteção contra duas ou mais doenças. Outro domínio promissor é o das vacinas de ADN, como demonstrado por ensaios clínicos. A administração segura destas vacinas de nova geração pode ser efectuada tanto in ovo como em aves vivas. No entanto, é certamente necessário testar a eficácia destas vacinas numa base experimental em grande escala antes da sua introdução para fins comerciais (Sylvester *et al.*, 2005; Dhama *et al.*, 2008; Dhama *et al.*, 2014).

Para o controlo do IBV, existem vacinas comerciais inactivadas. As vacinas de vírus vivos do tipo Massachusetts (H 120), Connecticut, Arkansas ou Delaware 072 ou 4/91 conferem uma boa proteção. As vacinas vivas podem ser administradas sob a forma de aerossóis na água potável ou por via intraocular (colírio) (Hofstad, 1975). Uma vez que o agente causador, o vírus da bronquite infecciosa (IBV), é endémico em todos os locais comerciais, Cavanagh (2003) sugeriu a vacinação da maioria dos bandos com vacinas vivas atenuadas.

Estão disponíveis diferentes formas de vacinas à base de proteínas do vírus corona da SRA (SARS-CoV) para gerar uma resposta de anticorpos neutralizantes contra o SARS-CoV. A vacina de ADN utilizada como priming é crucial para a resposta imunitária das mucosas. As doses subsequentes irão reforçar a resposta imunitária gerada pela primeira dose da vacina (Yuen *et al.*, 2009).

Foram desenvolvidas vacinas de subunidades contra a SRA utilizando proteínas recombinantes ou vacinas de subunidades baseadas em péptidos que contêm a proteína spike (especialmente o domínio de ligação ao recetor do SARS-CoV). É segura e eficaz contra a SRA (Du *et al.*, 2008).

10.2. Terapia antiviral para os coronavírus

O surto de SARS-CoV e o perigo da sua reintrodução na população humana e, ao mesmo tempo, o perigo do aparecimento de outras infecções zoonóticas por coronavírus, desencadearam a importância de medicamentos antivirais contra os coronavírus. Recentemente, a interferência do

ARN tem sido utilizada com êxito como um método mais específico e eficiente de silenciamento de genes, em que o ARN de interferência pequeno pode inibir a expressão de antigénios virais, proporcionando assim uma nova abordagem à terapia de vírus patogénicos. Atualmente, o pequeno ARN de interferência (SiRNA) é utilizado para a terapêutica de coronavírus, especialmente o SARS-CoV (Wu e Chan, 2006; Haagmans e Osterhaus, 2006).

10.2.1. Inibição da fixação de células

As lectinas vegetais específicas da manose derivadas de *Galanthus nivalis* (floco de neve comum), *Hippeastrum hybrid* (Amaryllis) e *Allium porrum* (alho francês) inibem a replicação do SARS-CoV e do coronavírus felino [Balzarini *et al.*, 2004; Vijgen *et al.*, 2004; Pyrc *et al.*, 2007]. O anticorpo monoclonal (mAb) humano CR304 e a imunoglobulina IgG1 mAb 80R são potentes ligantes do sítio de ligação ao recetor (RBS) do SARS-CoV que bloqueiam a interação S-ACE2 [Sui *et al.*, 2004; ter Meulen *et al.*, 2004; Pyrc *et al.*, 2007]. Estes mAbs podem limitar a infeção por SARS-CoV abaixo dos níveis de deteção num modelo *in vivo* de rato e furão [Sui *et al.*, 2005; Subbarao *et al.*, 2004]. O tratamento de células Vero E6 com interleucina 4 e interferão y diminui a expressão da ACE2 a nível transcricional, limitando assim a suscetibilidade das células à infeção por SARS-CoV [de Lang *et al.*, 2006; Pyrc *et al.*, 2007]. Desvantagens da ACE2 A ACE2, juntamente com a ACE, está envolvida na regulação do sistema renina-angiotensina e tem um papel importante na manutenção da homeostase da pressão arterial, bem como no equilíbrio de fluidos e sal. Além disso, a ACE2 está envolvida na proteção contra danos nos pulmões, e a diminuição dos níveis de ACE2 ou a inativação da ACE2 como parte do tratamento da SRA pode, portanto, ter efeitos adversos graves.

10.2.2. Inibição da fusão do virião com a membrana celular do hospedeiro

O tratamento com inibidores da acidificação vacuolar, como o cloreto de amónio, a cloroquina e a bafilomicina A, tem atividade antiviral contra o HCoV-229E e o SARS-CoV, que requerem a via endossómica para a entrada [Huang *et al.*, 2006; Pyrc *et al.*, 2007]. Mas a inibição do processo de fusão com a cloroquina tem limitações e pode ser aplicada apenas a alguns coronavírus. Além disso, foram também desenvolvidos inibidores da fusão de péptidos baseados em regiões não RH de S2 do SARS-CoV (Sainz *et al.*, 2006; Pyrc *et al.*, 2007).

Os antibióticos anticoronavírus são a eremomicina, a vancomicina, a actinomicina-D e a valinomicina, que têm atividade anti-SRA-CoV (Balzarini et al., 2006; Pyrc *et al.*, 2007).

11. Potencial zoonótico ou transmissão inter-espécies

A maioria das doenças infecciosas emergentes humanas ou animais nas últimas décadas, incluindo a SIDA, a febre Ébola, a gripe aviária e a síndrome respiratória aguda grave (SRA), resultou da transmissão interespécies de vírus ARN zoonóticos (Chua, 2000; Keele, 2006; Leroy, 2005; Subbarao, 1998).

Uma análise recente das sequências genómicas de coronavírus de morcegos e de outros animais, incluindo seres humanos e aves, sugeriu que os morcegos podem ser os hospedeiros originais de onde derivaram todas as linhagens de coronavírus (Woo, 2007). A análise do relógio molecular das sequências do gene spike do BCoV e do HCoV-OC43 sugere que o coronavírus humano OC43 deriva do coronavírus bovino (Vijgen, 2005). Esta é a primeira transmissão zoonótica animal-humana do coronavírus, o que é importante para compreender os eventos de transmissão interespécies que levaram à origem do surto da síndrome respiratória aguda grave.

O HCoV-229E provavelmente surgiu de um alphacoronavírus de morcego há aproximadamente 200 anos [Kocherhans, 2001]. O vírus da diarreia epidémica porcina surgiu subitamente no início dos anos 80, muito provavelmente com origem no HCoV-229E, e este é um exemplo clássico de zoonose inversa [Kocherhans, 2001]. O HECV-4408 é um coronavírus isolado em 1988 de uma criança com diarreia aguda e demonstrou estar estreitamente relacionado com o coronavírus bovino (BCoV), o que indica a introdução contínua de coronavírus zoonóticos nas populações humanas [Zhang, 1994]. Storz *et al.* (1981) apresentaram um relatório interessante sobre a transmissão acidental do BoCv de vitelos inoculados experimentalmente para um investigador humano.

Foi detectada uma seropositividade para o coronavírus bovino (BCV) e para o vírus sincicial respiratório bovino (BRSV) em 257 efectivos leiteiros suecos. A amostra de leite de cinco vacas primíparas foi analisada para detetar a presença de anticorpos contra o BCV e o BRSV. Verificou-se que a grande dimensão do rebanho e o facto de não fornecer botas aos visitantes estavam associados à presença de anticorpos contra o BCV e o BRSV e, juntamente com isso, a curta distância até ao rebanho mais próximo constituía um fator de risco adicional para o BCV. Isto indica que é pouco provável que factores locais, como a visita diária de camiões de leite e animais selvagens, sejam fontes importantes de infeção (Beaudeau *et al.*, 2010; Ohlson *et al.*, 2010).

Um total de 239 amostras de leite humano recolhidas de mães na cidade de Chiba, no Japão, durante 1994-1997, foram testadas para a presença de anticorpos contra o coronavírus. Curiosamente, 12 amostras de leite humano foram positivas para IgA contra o coronavírus da gastroenterite transmissível dos suínos, o que corresponde a 5% do total. Estes resultados provam que existe uma transmissão inter-espécies do coronavírus entre humanos e suínos (Terao, 2007).

11.1. Transmissão inter-espécies do SARS-CoV

O primeiro caso humano de síndroma respiratório agudo grave - coronavírus (SRA-CoV) estava intimamente relacionado com vírus encontrados em civetas mascaradas *(Paguma larvata)* e cães-guaxinim *(Nyctereutes procyonoides)* (Guan, 2003). A baixa prevalência de anticorpos CoVs do tipo SRA é encontrada em civetas selvagens e de criação. Estes animais podem atuar como hospedeiros intermediários e não como reservatório primário do SRA-CoV (Kan, 2005). O vírus infecta muitos outros animais selvagens e domesticados, *como Mustela furo, Felis domesticus* e *Nyctereutes procyonoides* (Guan, 2003; Martina, 2003). Durante um inquérito após uma epidemia da SRA, o vírus corona associado à síndrome respiratória aguda grave (SRA-CoV) foi isolado de um porco, cuja sequência e análise epidemiológica sugeriram que o porco estava infetado por um SRA-CoV de origem humana. A fonte direta de transmissão do SRA-CoV aos suínos infectados identificados foi, muito provavelmente, a alimentação animal contaminada com o vírus. Mas não existe evidência direta da transmissão do SRA-CoV entre humanos e suínos (Chen, 2005).

Os CoVs humanos são capazes de estabelecer ciclos de transmissão zoonótica-reversa que podem permitir que alguns CoVs circulem facilmente e troquem material genético entre estirpes encontradas em morcegos e outros mamíferos, incluindo os humanos. Os morcegos com nariz de cavalo (*Rhinolophus macrotis, R. ferrumequinum, R. pearsoni* e *R. sinicus*) de várias espécies do Sul da República Popular da China, albergam antigénios de CoVs semelhantes aos da SRA nas amostras fecais e os anticorpos no soro podem ser hospedeiros reservatórios para eles (Samuel, 2007). O CoV-NL63 humano emergiu do morcego tricolor norte-americano (*Perimyotis subflavus*) (Huynh, 2012). Os coronavírus também foram isolados do conteúdo entérico do morcego vampiro *Desmodus rotundus*, que pode atuar como reservatório de linhagens de coronavírus (Poon *et al.,* 2005; Brandão, 2008).

Durante um estudo de vigilância de 2005 a 2010, foi detectado um novo alfacoronavírus, conhecido como Bat CoV HKU10, em duas espécies de morcegos muito diferentes. Trata-se do Ro-BatCoV HKU10 em rousettes de Leschenault (*Rousettus leschenaulti*) (morcegos frugívoros da subordem Megachiroptera) em Guangdong e do Hi-BatCoV HKU10 em morcegos Pomona leafnosed (*Hipposideros pomona*) (morcegos insectívoros da subordem Microchiroptera) em Hong Kong e, curiosamente, observou-se que os morcegos infectados pareciam estar a ser tratados com um vírus, observou-se que os morcegos infectados pareciam ser saudáveis, mas os morcegos com nariz de folha de Pomona portadores do Hi-BatCoV HKU10 tinham pesos corporais inferiores aos dos morcegos não infectados. A evolução da proteína spike também foi rápida nas estirpes do Hi-BatCoV HKU10 de 2005 a 2006, mas estabilizou depois disso. Os dados sugerem uma transmissão inter-espécies recente de rousettes de Leschenault para morcegos com nariz de Pomona no sul da China. A rápida mudança genética adaptativa na proteína de pico do BatCoV HKU10, com aproximadamente 40% de divergência de aminoácidos após a recente transmissão interespécies, foi ainda maior do que a divergência de aproximadamente 20% de aminoácidos entre as proteínas de pico do coronavírus do morcego Rhinolophus relacionado com a síndrome respiratória aguda grave (SARSr-CoV) em morcegos e civetas (Lau *et al.*, 2012).

A glicoproteína viral spike que se liga ao recetor humano da enzima conversora da angiotensina 2 foi um dos genes de adaptação mais rápida do SRA-CoV durante a epidemia de 2002-2003. As substituições de aminoácidos não sinónimos na proteína spike foram selecionadas durante a epidemia, optimizando a ligação da spike ao seu recetor humano e aumentando a transmissão entre humanos (Song, 2005; Li, 2005). A sequenciação dos genomas do SRA-CoV durante e após a epidemia sugere que ocorreram múltiplos eventos independentes de salto de espécies do SRA-CoV de animais para humanos.

Propriedades específicas da APN felina

Em geral, o recetor APN é utilizado pelos alfacoronavírus de uma forma específica para cada espécie, *ou seja,* a APN humana é o recetor celular do HCoV-229E, mas não tem atividade recetora para os coronavírus porcinos. Por outro lado, a APN suína serve de recetor para os coronavírus suínos, mas não para o HCoV-229, o FCoV ou o CCoV [Levis, 1995; Delmas, 1994]. No entanto, a APN felina é um recetor funcional para muitos alfacoronavírus, incluindo os coronavírus felino (FECV e FIPV), humano (HCoV-229E), porcino (TGEV) e canino [Tresnan, 1996]. Os gatos podem ser infectados pelo HCoV-229E, TGEV ou CCoV sem desenvolver sintomas. A organização genómica do FCoV-II sugere fortemente que ocorreu uma co-infeção com o FCoV-I e o CCoV-II numa destas espécies. Este facto levou ao aparecimento do FCoV-II após um evento de recombinação dupla [Barlough, 1984; McArdle, 1990; Stoddart, 1988; Herrewegh, 1998; Poder, 2011]. A proteína Spike (S) da estirpe pantropical do CCoV (CB/05) apresentou o maior grau de identidade com a estirpe 791683 do FCoV-II (J. M. Sanchez-Morgado, 2004).

12. Conclusão e perspectivas futuras

A infeção por coronavírus é a principal causa de mortalidade de neonatos e adultos de muitos animais domésticos, animais de companhia e milhões de seres humanos nos países em desenvolvimento, além de causar grandes perdas económicas. A infeção simultânea com agentes patogénicos secundários pode aumentar a gravidade da doença. A diarreia dos vitelos constitui um importante encargo económico para a indústria bovina. Os coronavírus não respeitam necessariamente as barreiras entre espécies. Embora as vias respiratória e entérica sejam alvos comuns dos coronavírus e não se limitem a um órgão ou tecido-alvo específico, afectam todos os órgãos, incluindo o sistema nervoso, o sistema imunitário, os rins e o aparelho reprodutor.

Além disso, doenças economicamente importantes do gado e das aves de capoeira, *nomeadamente* a infeção pelo coronavírus bovino (BuCoV), a infeção pelo vírus do coronavírus respiratório canino (CRCoV), a gastroenterite transmissível (TGE) e a bronquite infecciosa (IB), também apontaram a necessidade de melhorar as medidas de diagnóstico que foram descritas de forma elaborada com vista a reforçar a política de prevenção e controlo contra este grupo específico de vírus com um mecanismo genético diversificado para emergir e reemergir, causando perdas consideráveis no estado de saúde e no desempenho da produção.

Uma vez que os coronavírus podem saltar para novos hospedeiros, é necessária a defesa contra infecções coronavíricas emergentes, a identificação de reservatórios para esses vírus, juntamente com a vigilância de eventos de salto de hospedeiros e a elucidação de factores virais e do hospedeiro. O isolamento de coronavírus infecciosos de morcegos e a elucidação das suas gamas de hospedeiros, especificidades de receptores e diversidade genética ajudarão muito a compreender o seu potencial para a emergência de novas infecções coronavíricas como a SRA.

Uma vez que não existem atualmente vacinas para estes vírus entéricos e respiratórios, é necessário monitorizar os padrões epidémicos e investigar a propagação das infecções respiratórias para identificar, controlar e prevenir eficazmente as epidemias. É igualmente necessário desenvolver estratégias de vacinação e terapias antivirais para os vírus animais e humanos.

O estado atual dos fármacos anticoronavíricos melhorou, mas a maioria dos estudos centra-se exclusivamente em compostos que visam o SARS-CoV, tendo em conta que muitos coronavírus ainda não descobertos podem residir em reservatórios animais. Assim, devem ser desenvolvidos fármacos anticoronavíricos que visem os coronavírus animais.

Referências:

1. Abdel-Moneim, A.S., Madbouly, H.M. e El-Kady, M.F. (2005). Caracterização in vitro e patogénese de Egypt/ Beni-Suef/01: Um novo genótipo do vírus da bronquite infecciosa. *Beni-Suef. Vet. Med. J.* Egypt, 15: 127-133.

2. Abraham, S., Kienzle, T.E., Lapps, W. e Brian, D.A. (1990). Deduced sequence of the bovine coronavírus spike protein and identification of the internal proteolytic cleavage site. *Virologia,* 176: 296-301.

3. Abro, S.H., Renstrom, L.H.M., Ullman, K., Isaksson, M. e Zohari, S., Jansson, D.S., Belak, S. e Baule, C. (2012). Emergência de novas estirpes do vírus da bronquite infecciosa aviária na Suécia. *Vet. Microbiol.,* 155: 237246.

4. Acres, S.D., Laing, C.J., Saunders, J.R. e Radostits, O.M. (1975).Diarreia indiferenciada aguda em vitelos de carne. 1. Ocorrência e distribuição de agentes infecciosos. *Can. J. Comp. Med.,* 39:116-132.

5. Addie D, Belâk S, Boucraut-Baralon C, Egberink H, Frymus T, Gruffydd-Jones T, Hartmann K, Hosie MJ, Lloret A, Lutz H, Marsilio F, Pennisi MG, Radford AD, Thiry E, Truyen U, Horzinek MC. Peritonite infecciosa felina. Diretrizes ABCD sobre prevenção e gestão. J Feline Med Surg. 2009 ;11(7):594-604.

6. Addie, D. D. 2004. Feline coronavirus-that enigmatic little critter. Vet. J. 167:5-6.

7. Addie, D.D. and Jarrett, O. (2001).Utilização de uma reação em cadeia da polimerase com transcriptase reversa para monitorizar a disseminação do coronavírus felino em gatos saudáveis. *Vet. Rec.,* 148: 649-53.

8. Addie, D.D., Schaap, L.A., et al. (2003). Persistência e transmissão da infeção natural pelo coronavírus felino do tipo 1. *J. Gen. Virol.,* 84: 2735-44.

9. Afzelius, B.A. (1994). Ultra-estrutura do epitélio nasal humano durante um episódio de infeção por coronavírus. *Virchows Arch,* 424: 295-300.

10. Akashi, H., Inaba, Y., Miura, Y., et al., (1981). Propagation of the Kakegawa strain of bovine coronavirus in suckling mice, rats, hamsters. *Arch. Virol.,* 67: 367-370.

11. Alekseev KP, Vlasova AN, Jung K, Hasoksuz M, Zhang X, Halpin R, Wang S, Ghedin E, Spiro D, Saif LJ. Bovine-like coronaviruses isolated from four species of captive wild

ruminants are homologous to bovine coronaviruses, based on complete genomic sequences. J Virol. 2008, 82(24):12422-31.

12. Alexander LK, Small JD, Edwards S, Baric RS. 1992. Um modelo experimental de cardiomiopatia dilatada após infeção por coronavírus em coelhos. J. Infect. Dis. 166:978-985.

13. Almazan, F., J. M. Gonzalez, Z. Penzes, A. Izeta, E. Calvo, J. Plana-Duran e L. Enjuanes. 2000. Engenharia do maior genoma de vírus de ARN como um cromossoma artificial bacteriano infecioso. Proc. Natl. Acad. Sci. USA 97: 5516-5521.

14. Appel M J G. Does canine coronavirus augmentate the effects of subsequent parvovirus infection? Vet Med Small Anim Clin. 1988; 83:360-366.

15. Appel, M.J.(1987). Canine coronavirus. *In:* Virus infections of carnivores, Appel, M.J.G. (editor), Elsevier, Amesterdão, Países Baixos. Pp: 115122.

16. Asano KM, de Souza SP, de Barros IN, Ayres GR, Silva SO, Richtzenhain LJ, Brandao PE. Multiplex semi-nested RT-PCR com controlo interno exógeno para deteção simultânea de coronavírus bovino e rotavírus do grupo A. J Virol Methods. 2010 Aug 17.

17. Balzarini J, Keyaerts E, Vijgen L, Egberink H, De Clercq E, Van Ranst M, Printsevskaya SS, Olsufyeva EN, Solovieva SE, Preobrazhenskaya MN. Inibição do coronavírus felino (FIPV) e humano (SARS) por derivados semi-sintéticos de antibióticos glicopeptídeos. Antiviral Res. 2006, 72(1):20-33.

18. Balzarini, J.; Vijgen, L.; Keyaerts, E.; Van Damme, E.; Peumans, W.; De Clercq, E.; Egberink, H.; Van Ranst, M. In *Abstracts of the 17th International Conference on Antiviral Research.* Investigação Antiviral: Tucson, EUA, 2004; pp. A27-90.

19. Barlough JE, C. A. Stoddart, G. P. Sorresso, R. H. Jacobson, e F. W. Scott, "Experimental inoculation of cats with canine coronavirus and subsequent challenge with feline infectious peritonitis virus," *Laboratory Animal Science Chicago*, vol. 34(6): 592-597, 1984.

20. Barlough JE. Serodiagnostic aids and management practice for feline retrovirus and coronavirus infections. Vet Clin North Am Small Anim Pract. 1984 ;14(5):955-969.

21. Bass, E.P. e Sharpee, R.L. (1973). Coronavirus and gastroenteritis in foals (Coronavírus e gastroenterite em potros). *Lancet,* 2: 822.

22. Beaudeau F, Bjorkman C, Alenius S, Frossling J. Spatial patterns of bovine corona virus and

bovine respiratory syncytial virus in the Swedish beef cattle population. Ata Vet Scand. 2010 ; 52:33.

23. Benetka V, Kübber-Heiss A, Kolodziejek J, Nowotny N, Hoffmann-Parisot M, Mostl K. Prevalence of feline coronavirus types I and II in cats with histopathologically verified infectious peritonitis. Vet Microbiol. 2004; 99:31-42.

24. Benetka, V., Kolodziejek, J., Walk, K., Rennhofer, M. e Mostl, K. (2006). Análise do gene M de estirpes atípicas de coronavírus felino e canino que circulam num abrigo de animais austríaco. *Vet. Rec.,* 159: 170-174.

25. Bergmann, C., M. McMillan, e S. Stohlman. 1993. Characterization of the L d-restricted cytotoxic T-lymphocyte epitope in the mouse hepatitis virus nucleocapsid protein. J. Virol. 67:7041-7049.

26. Bidokhti, M.R., Trâvén, M., Krishna, N.K., Munir, M., Belâk, S., Alenius, S. e Cortey, M. (2013). Dinâmica evolutiva dos coronavírus bovinos: o padrão de seleção natural do gene spike implica uma evolução adaptativa das estirpes. *J. Gen. Virol.,* 94(9): 2036-2049. doi: 10.1099/vir.0.054940-0.

27. Binn, L.N., Lazar, E.C., Keenan, K.P., Huxsoll, D.L., Marchwicki, R.H., Strano, A.J., 1974. Recovery and characterization of a coronavirus from military dogs with diarrhea (Recuperação e caraterização de um coronavírus de cães militares com diarreia). Proc. Annu. Meet. U.S. Anim. Health Assoc. 78, 359-366.

28. Bond, C. W., J. L. Leibowitz, e J. A. Robb. 1979. Pathogenic murine coronaviruses. II. Caracterização de proteínas específicas de vírus dos coronavírus murinos JHMV e A59V. Virologia 94:371-384.

29. Boorman, G.A., Luster, M.I., Dean, J.H., Campbell, M.L., Lauer, L.A., Talley, F.A., Wilson, R.E., Collins, M.J., 1982. Alterações nos macrófagos peritoneais causadas pelo vírus da hepatite de rato de ocorrência natural. Am. J. Pathol. 106, 110-117.

30. Bosch, B.J., Zee, Van-der Zee, R., Haan, C.A.M. e Rottier, P.J.M. (2003). A proteína Spike do coronavírus é uma proteína de fusão de vírus de classe I: caraterização estrutural e funcional do complexo do núcleo de fusão. *Journal of Virology,* 77: 8801-8811.

31. Brandao PE, Scheffer K, Villarreal LY, Achkar S, Oliveira RN, Fahl WO, et al. Um coronavírus detectado no morcego vampiro *Desmodus rotundus.* Braz J Infect Dis. 2008;

12(6):466-468

32. Brian DA, Baric RS. Coronavirus genome structure and replication (Estrutura e replicação do genoma do coronavírus). Curr Top Microbiol Immunol. 2005; 287:1-30.

33. Brian, D. A., B. G. Hogue e T. E. Kienzle. 1995. The coronavirus hemagglutinin esterase glycoprotein, p. 165-179. *Em* S. G. Siddell (ed.), The Coronaviridae. Plenum Press, Nova Iorque, N.Y.

34. Bridger, J.C., Caul, E.O. e Egglestone, S.I. (1978). Replicação de um coronavírus entérico bovino em culturas de órgãos intestinais. *Arch.Virol.,* 57:4351.

35. Buonavoglia, C., Decaro, N., Martella, V., Elia, G., Campolo, M., Desario, C., Castagnaro, M. e Tempesta, M. (2006). Vírus corona canino altamente patogénico para cães. *Emerg. Infect. Dis.,* 12(3): 492-494.

36. Buxton, A. e Fraser, G. (1977). Animal Microbiology. Vol. 2 Oxford, Blackwell Scientific Publications.

37. Capua, I., Minta, Z., Karpinska, E., Mawditt, K., Britton, P., Cavanagh, D.

e Gough, R.E. (1999). Co-circulação de quatro tipos de vírus da bronquite infecciosa (793/B, 624/I, B 1648 e Massachusetts). *Avian*

Patologia, 28: 587- 592.

38. Cardoso TC, Ferrari HF, Bregano LC, Silva-Frade C, Rosa AC, Andrade AL. Deteção visual do RNA do coronavírus de peru em tecidos e fezes por amplificação isotérmica mediada por loop de transcrição reversa (RT-LAMP) com corante azul de hidroxinaftol. Mol Cell Probes. 2010; 24(6):415-7

39. Casais, R., B. Dove, D. Cavanagh, e P. Britton. 2003. O vírus recombinante da bronquite infecciosa aviária que exprime um gene heterólogo da espiga demonstra que a proteína da espiga é um fator determinante do tropismo celular. J. Virol. 77:9084-9089.

40. Cavanagh D. Coronaviruses in poultry and other birds (Coronavírus em aves de capoeira e outras aves). Avian Pathol. 2005; 34(6):439-48.

41. Cavanagh, D. (2001). A nomenclature for avian coronavirus isolates and the question of species status. *Avian Pathol,* 30: 109-115.

42. Cavanagh, D. 2003. Severe acute respiratory syndrome vaccine development: experiences of vaccination against avian infectious bronchitis coronavirus. Avian Pathol. 32:567-582.

43. Cavanagh, D. e Davis, P.J. (1992a). Sequence analysis of strains of avian infectious bronchitis coronavirus isolated during the 1960s in the UK. *Archives of Virology,* 130: 471- 476.

44. Cavanagh, D., Davis, P.J., Cook, J.K.A., Li, D., Kant, A. e Koch, G. (1992). Localização das diferenças de aminoácidos na subunidade S1 da glicoproteína da espiga de serótipos estreitamente relacionados do vírus da bronquite infecciosa. *Avian Pathology,* 21: 33-43.

45. Cavanagh, D., Mawditt, K., Britton, P. e Naylor, C.J. (1999). Longitudinal field studies of infectious bronchitis virus and avian pneumovirus in broilers using type-specific polymerase chain reactions. *Avian Pathology,* 28: 593- 605.

46. Cavanagh, D., Mawditt, K., Gough, R., Picault, J.-P. e Britton, P. (1998). Análise da sequência de estirpes do genótipo 793/B (CR88, 4/91) do IBV isoladas entre 1985 e 1997. In: Actas de um Simpósio Internacional sobre Bronquite Infecciosa e Infecções por Pneumovírus em Aves de Capoeira (pp. 252-256). E.F. Kaleta e U. Heffels-Redmann (Editores), Giessen: Universidade Justus Liebig.

47. Cavanagh, D., Mawditt, K., Welchman, Dde B., Britton, P. e Gough, R.E. (2002). Os coronavírus dos faisões *(Phasianus colchicus)* estão geneticamente estreitamente relacionados com os coronavírus das galinhas domésticas (vírus da bronquite infecciosa) e dos perus. *Avian Pathol,* 31: 81-93.

48. Cebra CK, Mattson DE, Baker RJ, Sonn RJ, Dearing PL. Potential pathogens in feces from unweaned llamas and alpacas with diarrhea (Potenciais agentes patogénicos nas fezes de lhamas e alpacas não desmamadas com diarreia). J Am Vet Med Assoc. 2003 ;223(12):1806-8.

49. Chakraborty, S., Veeregowda, B. M. e Isloor, S. (2012). Epidemiologia molecular das doenças virais do gado e das aves de capoeira. Publicação Académica LAP LAMBERT. ISBN: 978-3-659-23707-2.

50. Chang GN, Chang TC, Lin SC, Tsai SS, Chern RS. Isolamento e identificação do vírus da encefalomielite hemaglutinante de suínos em Taiwan.J Chin Soc Vet Sci.1993; 19:147-58.

51. Chang, Y. J., C. Y. Liu, B. L. Chiang, Y. C. Chao e C. C. Chen. 2004. Indução da libertação de IL-8 nas células pulmonares através da proteína activadora-1 por baculovírus recombinantes

que exibem proteínas de pico do vírus da síndroma respiratória aguda grave (severe acute respiratory syndromecoronavirus): identificação de duas regiões funcionais. J. Immunol. 173: 7602-7614.

52. Chasey D, Reynolds DJ, Bridger JC, Debney TG, Scott AC. Vet Rec. Identificação de coronavírus em espécies exóticas de Bovidae. 1984 ;115(23):602-3.

53. Cheever FS, et al. Um vírus murino (JHM) que causa encefalomielite disseminada com destruição extensiva da mielina. Journal of Experimental Medicine. 1949; 90(3):181-210.

54. Chen JF, Sun DB, Wang CB, Shi HY, Cui XC, Liu SW, et al. Caracterização molecular e análise filogenética de genes de proteínas de membrana de isolados do vírus da diarreia epidémica porcina na China. Virus Genes. 2008; 36:355-64.

55. Chen Q, Li J, Fang XE, Xiong W. Deteção do coronavírus da gastroenterite transmissível dos suínos utilizando a amplificação isotérmica mediada por laço. Virol J. 2010 ;7:206.

56. Chen W, Yan M, Yang L, Ding B, He B, Wang Y, Liu X, Liu C, Zhu H, You B, Huang S, Zhang J, Mu F, Xiang Z, Feng X, Wen J, Fang J, Yu J, Yang H, Wang J. SARS-associated coronavirus transmitted from human to pig. Emerg Infect Dis. 2005 ; 11(3):446-8.

57. Chen Y-N, Wu CC, Bryan T, Hooper T, Schrader D, Lin TL. Reação em cadeia da polimerase com transcrição reversa específica em tempo real para deteção e quantificação do ARN do coronavírus do peru em tecidos e fezes de perus infectados com o coronavírus do peru. J Virol Methods 2010a; 163:452-8.

58. Chen, Q., Li, J., Deng, Z., Xiong, W., Wang, Q. e Hu, Y.Q. (2010). Deteção e identificação abrangentes de sete coronavírus animais e do coronavírus respiratório humano 229E com um ensaio de hibridação de microarray. Intervirologia, 53(2): 95-104.

59. Cho KO, Hasoksuz M, Nielsen PR, Chang KO, Lathrop S, Saif LJ. Crossprotection studies between respiratory and calf diarrhea and winter dysentery coronavirus strains in calves and RT-PCR and nested PCR for their detection. Arch Virol. 2001 ;146(12):2401-19.

60. Cho, Y., Kim, W., Liu, S., Kinyon, J.M. e Yoon, K.J. (2010). Desenvolvimento de um painel de ensaios multiplex de reação em cadeia da polimerase em tempo real para a deteção simultânea dos principais agentes causadores de diarreia de vitelos nas fezes. *J. Vet. Diagn. Invest.*, 22: 509-517.

61. Chua, K. B., W. J. Bellini, P. A. Rota, B. H. Harcourt, A. Tamin, S. K. Lam, T. G. Ksiazej, P. E. Rollin, S. R. Zaki, W. J. Shieh, C. S. Goldsmith, D. J.Gubler, J. T. Roehrig, B. Eaton, A. R. Gould, J. Olson, H. Field, P. Daniels, A. E. Ling, C. J. Peters, L. J. Anderson e B. W. J. Mahy. 2000. Nipah virus: a recently emergent deadly paramyxovirus. Science 288:14321435.

62. Clark, M.A. (1993). Bovine coronavirus. *Br. Vet. J.,* 149(1): 51-70.

63. Cleri DJ, Ricketti AJ, Vernaleo JR. Síndrome respiratória aguda grave (SARS). Infect Dis Clin North Am. 2010; 24:175-202.

64. Collins, A.R., Knobler, R.L., Powell, H. e Buchmeir, M.J. (1982). Os anticorpos monoclonais do vírus da hepatite murina 4 (estirpe JHM) definem a glicoproteína viral responsável pela ligação e fusão célula-célula. *Virologia,* 119: 358-371.

65. Compton SR, et al. Coronavirus species specificity: murine coronavirus binds to a mouse-specific epitope on its carcinoembryonic antigen-related recetor glycoprotein. J Virol. 1992; 66(12):7420-8.

66. Cook, J. K. A., e A. P. Mockett. 1995. Epidemiology of infectious bronchitis virus, p. 317-336. *Em* S. G. Siddell (ed.), The Coronaviridae. Plenum Press, Nova Iorque, N.Y.

67. Cook-Mills, J.M., Munshi, H.G., Perlman, R.L., Chambers, D.A., 1992. A infeção pelo vírus da hepatite do rato suprime a modulação da ativação das células T do baço do rato. Immunology 75, 542-545.

68. Corse, E., e C. E. Machamer. 2000. A proteína E do vírus da bronquite infecciosa é direcionada para o complexo de Golgi e dirige a libertação de partículas semelhantes a vírus. J. Virol. 74:4319-4326.

69. Craig, R.A. e Kapil, S. (1994). Proc. Annu. Meet. Am. Assoc. *Vet. Lab. Diagn.,* 37: 107.

70. Crouch, C.F., Raybould, T.J.G. e Acres, S.D. (1984). Ensaio de imunoabsorção enzimática com captura de anticorpos monoclonais para deteção do coronavírus entérico bovino. *J. Clin. Microbiol,* 19: 388-393.

71. Culver F, Dziva F, Cavanagh D, Stevens MP. Poult enteritis and mortality syndrome in turkeys in Great Britain (Síndrome de enterite e mortalidade de perus na Grã-Bretanha). Vet Rec 2006; 159(7):209e10.

72. Cyranoski, D. (2003). Os críticos acusam o tratamento da SRA de ser ineficaz e talvez

perigoso. *Nature,* 423: 4.

73. Davelaar, F.G., Kouwenhoven, B. e Burger, A.G. (1984). Ocorrência e significado das estirpes variantes do vírus da bronquite infecciosa na produção de ovos e frangos nos Países Baixos. *The Veterinary Quarterly,* 6: 114-120.

74. de Diego, M., Laviada, M.D., et al. (1992). Especificidade epitopo da imunidade lactogénica protetora contra o vírus da gastroenterite transmissível dos suínos. *J. Virol.* ,66: 6502-8.

75. de Groot RJ, et al. 2011. Coronaviridae, p 806-828 *Em* King AMQ, Adams MJ, Carstens EB, Lefkowitz EJ, editores. (ed), Virus taxonomy: classification and nomenclature of viruses. Ninth Report of the International Committee on Taxonomy of Viruses, International Union of Microbiological Societies, Virology Division Elsevier Academic Press, San Diego, CA.

76. de Groot, R.J. e Horzinek, M.C. (1995). Peritonite infecciosa felina. *In: The Coronaviridae.* Siddell, S.G. (editor), Nova Iorque: Plenum press, pp: 293-315.

77. de Lang A, Osterhaus AD, Haagmans BL. O interferão-gama e a interleucina-4 regulam negativamente a expressão do recetor ACE2 do vírus corona da SRA nas células Vero E6. Virologia. 2006; 353(2):474-81.

78. De Vries, A.A.F., Horzinek, M.C., Rottier, P.J.M e de Groot, R.J. (1997). A organização do genoma dos nidovirales: semelhanças e diferenças entre arteri, toro e coronavírus. *Seminários em Virologia,* 8: 33-47.

79. Dea, S., Michaud, L. e Milane, G. (1995). Comparação de isolados de coronavírus bovino associados a diarreia neonatal de vitelos e disenteria de inverno em gado leiteiro adulto no Quebeque. *Journal of General Virology,* 76: 1263-1270.

80. Dea, S., Roy, R.S. e Begin, M.E. (1980). Bovine coronavirus isolation and cultivation in continuous cell lines. *Am. J. vet. Res.,* 41: 30-38.

81. Deb, R., Chakraborty, S., Singh, U., Kumar, S. e Sharma, A. (2012). Infectious Diseases of Cattle (Doenças Infecciosas do Gado). EDITORA SATISH SERIAL. ISBN No. 978-9-381-22625-4.

82. Decaro N, Cirone F, Mari V, Nava D, Tinelli A, Elia G, Di Sarno A, Martella V, Colaianni ML, Aprea G, Tempesta M, Buonavoglia C. Characterisation of bubaline coronavirus strains associated with gastroenteritis in water buffalo *(Bubalus bubalis)* calves. Vet. Microbiol.

2010; 145(3-4):245-51.

83. Decaro N, Martella V, Elia G, Campolo M, Mari V, Desario C, Lucente MS, Lorusso A, Greco G, Corrente M, Tempesta M, Buonavoglia C. Biological and genetic analysis of a bovine-like coronavirus isolated from water buffalo (Bubalus bubalis) calves. Virologia. 2008b; 370(1):213-22.

84. Decaro, N., Martella, V., Ricci, D., Elia, G., Desario, C., Campolo, M., Cavaliere, N., Di Trani, L., Tempesta, M. e Buonavoglia, C. (2005). Genotype-specific fluorogenic RT-PCR assays for the detection and quantitation of canine coronavirus type I and type II RNA in faecal samples of dogs. *J. Virol. Met.*, 130: 72-78.

85. Decaro, N., Desario, C., Elia, G., Mari, V., Lucente, M.S., Cordioli, P., Colaianni, M.L., Martella, V., Buonavoglia, C. (2006). Provas serológicas e moleculares de que o coronavírus respiratório canino está a circular em Itália. *Vet. Microbiol.*, 121(3-4): 225-30.

86. Decaro, N., Martella, V., Elia, G., Campolo, M., Desario, C., Cirone, F., Tempesta, M., Buonavoglia, C., 2007. Caracterização molecular da estirpe virulenta do coronavírus canino CB/05. Virus Res. 125, 54-60.

87. Decaro, N., Campolo, M., Mari, V., Desario, C., Colaianni, M.L., Di Trani, L., Cordioli, P., Buonavoglia, C. (2009). Uma vacina candidata contra o coronavírus bovino vivo modificado: *avaliação* da segurança e *da imunogenicidade. New Microbiol.*, 32(1): 109-13.

88. Decaro, N., Mari, V., Desario, C., Campolo, M., Elia, G., Martella, V., Greco, G., Cirone, F., Colaianni, M.L, Cordioli, P. e Buonavoglia, C. (2008a). Surto grave de infeção por coronavírus bovino em gado leiteiro durante a estação quente. *Vet. Microbiol.*, 126(1-3): 30-39.

89. Decaro, N., Corodonnier, N., Demeter, Z., Egberink, H., Elia, G., Grellet, A., Poder, S.L., Mari, V., Martella, V., Ntafis, V., von Reitzenstein, M., Rottier, P.J., Rusvai, M., Shields, S., Xylouri, E., Xu, Z. e Buonavoglia, C. (2013). Vigilância europeia do vírus da coroa canina pantropical. J. Clinic. Microbiol., 51(1): 83-88.

90. Delmas B, J. Gelfi, H. Sjostrom, O. Noren, e H. Laude, "Further characterization of aminopeptidase-N as a recetor for coronaviruses," *Advances in Experimental Medicine and Biology*, vol. 342, pp. 293-298, 1994.

91. Deregt, D. e Babiuk, L.A. (1987). Anticorpos monoclonais contra o coronavírus bovino:

caraterísticas e mapeamento topográfico de epítopos neutralizantes nos glicoprotenos E2 e E3. *Virologia,* 161: 41-420.

92. Deregt, D., Parker, M.D., Cox, G.C. e Babiuk, L.A. (1989). Mapeamento de epítopos neutralizantes para fragmentos da proteína E do coronavírus bovino por proteólise de complexos antigénio-anticorpo. *J. Gen. Virol.,* 70: 647-658.

93. Dewey CE, Carman S, Hazlett M, van Dreumel T, Smart NE: 1999. Gastroenterite transmissível endémica: Dificuldade de diagnóstico e tentativa de confirmação através de um ensaio de transmissão. Swine Health Prod 7:73-78.

94. Dhama, K., Mahendran, M., Gupta, P.K. e Rai, A. (2008). Vacinas de ADN e suas aplicações na prática veterinária: Perspectivas actuais. *Vet. Res. Commun.,* 32: 341-356.

95. Dhama, K., Chauhan, R.S., Mahendran Mahesh e Malik, S.V.S. (2009). Infeção por rotavírus em bovinos e outros animais domesticados: A Review. *Vet. Res. Commun.,* 33(1): 1-23.

96. Dhama, K., Singh, S.D., Barathidasan, R., Desigu, P.A., Chakraborty, S., Tiwari, R. e Ashok Kumar, M. (2014). A emergência do vírus da bronquite infecciosa aviária e das suas variantes necessita de melhores estratégias de diagnóstico, prevenção e controlo: Uma perspetiva global. *Pak. J. Biol. Sci.,* No prelo. doi: 10.3923/pjbs.2014.

97. Drexler JF, Gloza-Rausch F, Glende J, Corman VM, Muth D, Goettsche M, Seebens A, Niedrig M, Pfefferle S, Yordanov S, et al. Caracterização genómica do coronavírus relacionado com a síndroma respiratória aguda grave em morcegos europeus e classificação dos coronavírus com base em sequências parciais do gene da polimerase do ARN dependente de ARN. J Virol. 2010; 84:1133611349.

98. Du L, He Y, Jiang S, Zheng BJ. Desenvolvimento de vacinas de subunidade contra a síndrome respiratória aguda grave. Drugs Today (Barc). 2008;44(1):63-73.

99. Durham, P.J.K., Hassard, L.E., Armstrong, K.R. e Naylor, J.M. (1989). Diarreia associada ao coronavírus (disenteria de inverno) em bovinos adultos. *Can. Vet. J.,* 30: 825-827.

100. Durham, P.J.K., Stevenson, B.J.F. e Arquharson, B.C. (1979). Rotavirus and coronavirus associated diarrhoea in domestic animals. *New Zealand Veterinary Journal,* 27: 30-32.

101. Elazhary MA, Frechette JL, Silim A, Roy RS. Provas serológicas de alguns vírus bovinos no caribu (Rangifer tarandus caribou) no Quebeque. J Wildl Dis. 1981;17(4):609-12.

102. El-Ghorr, A.A., Snodgrass, D.R. e Scott, F.M.M. (1988). Evaluation of an immunogold electron microscop technique for detecting bovine coronavirus. J. *Virol. Methods.* 19: 215-224.

103. El-Kanawati ZR, Tsunemitsu H, Smith DR, Saif LJ. Infection and crossprotection studies of winter dysentery and calf diarrhea bovine coronavirus strains in colostrum-deprived and gnotobiotic calves. Am J Vet Res. 1996; 57(1):48-53.

104. El-Kanawati, Z.R., Tsenumitsu, H., Smith, D.R. e Saif, L.J. (1996). Estudos de infeção e proteção cruzada de estirpes de coronavírus bovino de disenteria de inverno e diarreia de vitelo em vitelos privados de colostro e gnotobióticos. *Am. J. Vet. Res.,* 57: 48-53.

105. Ellis, J.A. (2009). Atualização sobre a patogénese viral na BRD. *Anim Health Res Rev,* 10(2): 149-53.

106. Emery, S.L. e Erdman, D.D. (2004). Real-time reverse transcriptase chain reaction assay for SARS-associated coronavirus. *Emerg. Infect. Dis.,* 10: 311-16.

107. Enjuanes, L. (2008). Replicação do coronavírus e interação com o hospedeiro. *Vírus animais: Molecular Biology.* Caister Academic Press. pp. 149-202. <u>ISBN 978-1-904455-22-6</u>.

108. Enjuanes L, Almazan F, Sola I, Zuniga S. 2006. Biochemical aspects of coronavirus replication and virus-host interaction (Aspectos bioquímicos da replicação do coronavírus e da interação vírus-hospedeiro). Annu Rev Microbiol. 60:211-30.

109. Enjuanes, L. e Van der Zeijist, B.A.M. (1995). Base molecular da epidemiologia do vírus da gastroenterite transmissível. *In*: *The Coronaviridae.* Siddell, S.G. (editor), Nova Iorque: Plenum press, pp: 337-376.

110. Enjuanes, L., Brian, D., Cavanagh, D., Holmes, K., Lai, M.M.C., Laude, H., Masters, P., Rottier, P., Siddell, S., Spaan, W.J.M., Taguchi, F., Talbot, P., 2000. Família Coronaviridae. In: van Regenmortel, M.H.V., Fauquet, C.M., Bishop, D.H.L., Carstens, E.B., Estes, M.K., Lemon, S.M., Maniloff, J., Mayo, M.A., Mc-Geoch, D.J., Pringle, C.R., Wickner, R.B. (Eds.),Virus Taxonomy, Classification and Nomenclature of Viruses. Academic Press, Nova Iorque, pp. 835-849.

111. Erles, K., Kai-Biu, S., Brownlie, J., 2006. Isolamento e análise da sequência do coronavírus respiratório canino. Virus Res. 124, 78-87.

112. Erles, K., Toomey, C., Brooks, H.W., Brownlie, J., 2003. Deteção de um coronavírus do grupo 2 em cães com doença respiratória infecciosa canina. Virologia 310, 216-223.

113. Ettinger, S., Feldman, J. e Edward, C. (1995). *Textbook of Veterinary Internal Medicine* (4ª edição). W.B. Saunders Company. ISBN 0-72166795-3

114. Foley JE, Leutenegger C. A review of coronavirus infection in the central nervous system of cats and mice. J Vet Intern Med. 2001;15: 438-444.

115. Foley, J.E., Poland, A., et al.(1997). Risk factors for feline infectious peritonitis among cats in multiple-cat environments with endemic feline enteric coronavirus. *J. Am. Vet .Assoc.*, 210: 1313-18.

116. Gagea, M., Bateman, K.G., van Dreumel, T., Mcewen, B.J., Carman, S., Archambault, M., Shanahan, R.A. e Caswell, J.L. (2006). Diseases and pathogens associated with mortality in Ontario beef feedlots. *J. Vet. Diagn. Invest.*, 18: 18-28.

117. Gallagher, T. M., C. Escarmis, e M. J. Buchmeier. 1991. Alteração da dependência do pH da fusão celular induzida por coronavírus: efeito de mutações na glicoproteína spike. J. Virol. 65:1916-1928.

118. Gallagher, T.M. e Buchmeier, M.J. (2001). Coronavirus spike proteins in viral entry and pathogenesis. *Virol.*, 279:371-374.

119. Garwes, D.J. (1995). Patogénese dos coronavírus dos suínos. *In*: *The Coronaviridae*. Siddell, S.G. (editor), Nova Iorque: Plenum press, pp: 377388.

120. Gelinas, A.M., Boutin, M., Sasseville, A.M. e Dea, S. (2001). O coronavírus bovino associado a doenças entéricas e respiratórias em gado leiteiro canadiano apresenta diferentes reactividades a anticorpos monoclonais anti-HE e alterações distintas de aminoácidos nas suas proteínas HE, S e ns4.9. 76(1): 4357.

121. Gorbalenya, A.E., Snijder, E.J., Spaan, W.J., 2004. Severe acutemrespiratory syndrome coronavirus phylogeny: towards consensus. J. Virol. 78, 7863-7866.

122. Gough, R.E., Cox, W.J., Winkler, C.E., Sharp, M.W. & Spackman, D. (1996). Isolamento e identificação do vírus da bronquite infecciosa dos faisões. Veterinary Record, 138, 208-209.

123. Gough, R.E., Randall, C.J., Dagless, M., Alexander, D.J., Cox, W.J. e Pearson, D. (1992). A "new strain" of infectious bronchitis virus infecting domestic fowl in Great Britain. *The*

Veterinary Record, 130: 493.

124. Gouilh, M.A., Puechmaille, S.J., Gonzalez, J.P., Teeling, E., Kittayapong, P. e Manuguerra, J.C. (2011). As pegadas do antepassado do SARS-Coronavírus nas colónias de morcegos do Sudeste Asiático e a teoria do refúgio. *Infect. Genet. Evol.,* 11(7): 1690-702. doi: 10.1016/j.meegid.2011.06.021

125. Greene CE, Schultz RD, Ford RB. Vacinação canina. Vet Clin North Am Small Anim Pract. 2001; 31(3):473-92, v-vi.

126. Greene, C.E. (1990). Canine coronaviral enteritis. *In:* Infectious diseases of the dog and cat, Greene CE (Editor), WB Saunders, Philadelphia, PA. pp. 281-283.

127. Greig AS, Johnson CM, Bouillant AMP Encefalomielite dos suínos causada pelo vírus hemaglutinante. VI. Morfologia do vírus. Res Vet Sci 1971; 12:305-7.

128. Guan Y, Zheng BJ, He YQ, Liu XL, Zhuang ZX, Cheung CL, et al. Isolamento e caraterização de vírus relacionados com o vírus corona da SRA em animais do sul da China. Science. 2003; 302:276-8.

129. Gulliksen SM, Jor E, Lie KI, Loken T, Akerstedt J, Osterâs O. Respiratory infections in Norwegian dairy calves. J Dairy Sci. 2009; 92(10):5139-46.

130. Gumusova, S.O., Yazici, Z., Albayrak, H. e Meral, Y. (2007). Prevalência de rotavírus e coronavírus em bezerros saudáveis e bezerros com diarreia. *Medycnya Weterinaria,* 63: 62-64.

131. Guy, J.S., Breslin, J.J., Breuhaus, B., Vivrette, S., Smith, L.G., 2000. Characterization of a coronavirus isolated from a diarrheic foal (Caracterização de um coronavírus isolado de um potro diarreico). J. Clin. Microbiol. 38, 4523-4526.

132. Haagmans BL, Osterhaus AD. Coronavírus e sua terapia. Antiviral Res. 2006; 71(2-3):397-403.

133. Haijema BJ, Haukeline Volders, e Peter J. M. Rottier. , Attenuated Coronavirus Vaccines through the Direted Deletion of Group-Specific Genes Provide Protection against Feline Infectious Peritonitis.J Virol. 2004 abril; 78(8): 3863-3871.

134. Haijema, B. J., H. Volders, e P. J. Rottier. 2003. Switching species tropism: an effective way to manipulate the feline coronavirus genome. J. Virol. 77:4528-4538.

135. Hanaki KI, Ike F, Hatakeyama R, Hirano N. Reverse transcription-loop- mediated isothermal amplification for the detection of rodent coronaviruses. J Virol Methods. 2012; 187(2):222-227

136. Hartel H, Nikunen S, Neuvonen E, Tanskanen R, Kivela SL, Aho R, Soveri T, Saloniemi H. Viral and bacterial pathogens in bovine respiratory disease in Finland. Ata Vet Scand. 2004; 45(3-4):193-200.

137. Hansa, A., Rai, R. B., Yaqoob Wani, M. e Dhama, K. (2012). Deteção baseada em ELISA e RT-PCR de Coronavírus Bovino no norte da Índia. Como. J. Anim. & Vet. Adv., 7: 1120-1129.

138. Hasoksuz, M., Alekseev, K., Vlasova, A., Zhang, X., Spiro, D., Halpin, R.,Wang, S., Ghedin, E., Saif, L.J., 2007. Biologic, antigenic, and fulllength genomic characterization of a bovine-like coronavirus isolated from a giraffe. J. Virol. 81, 4981-4990.

139. Hecker, R.A., Saif, L.J., Hoblet, K.H. e Agnes, A.G. (1990). A longitudinal study of bovine coronavirus enteric and respiratory infections in dairy calves in two herds in Ohio. *Vet. Microbiol.*, 22: 187-201.

140. Heckert, R.A., Saif, L.J. e Myers, G.W. (1989). Desenvolvimento da microscopia imunoelectrónica da proteína A-ouro para deteção do coronavírus bovino em vitelos: comparação com ELISA e imunoflorescência direta das células epiteliais nasais. *Vet. Microbiol.*, 19: 217-231.

141. Heckert, R.A., Saif, L.J., Mengel, J.P. e Myers, G.W. (1991). Respostas de anticorpos específicos de isótipos às proteínas estruturais do coronavírus bovino no soro, fezes e secreção mucosa de bezerros privados de colostro expostos a desafios experimentais. *Am. J. Vet. Res.*, 52: 692-699.

142. Herrewegh AA, Smeenk I, Horzinek MC, Rottier PJ, de Groot RJ. 1998. Feline coronavirus type II strains 79-1683 and 79-1146 originate from a double recombination between feline coronavirus type I and canine coronavirus. J. Virol. 72:4508-4514.

143. Hirano, N., Sada, Y., Tuchiya, K., Ono, K. e Murakami, T. (1985). Ensaio de placa de coronavírus bovino em células BEK-1. *Jap. J. Vet. Sci.*, 47: 679-681.

144. Hofstad M.S. (1975). - Resposta imunitária a vírus de bronquite infecciosa. Am. J. Vet. Res., 36, 520-521.

145. Hohdatsu T, Okada S, Ishizuka Y, Yamada H, Koyama H. The prevalence of types I and II feline coronavirus infections in cats. J Vet Med Sci. 1992; 54(3):557-62.

146. Hohdatsu, T., M. Yamada, R. Tominaga, K. Makino, K. Kida, e H. Koyama. 1998. Antibody-dependent enhancement of feline infectious peritonitis virus infection in feline alveolar macrophages and human monocyte cell line U937 by serum of cats experimentally or naturally infected with feline coronavirus. J. Vet. Med. Sci. 60:49-55.

147. Holland, R.E. (1990). Algumas causas infecciosas de diarreia em animais de criação jovens. *Clinical Microbiological Reviews,* 3: 345-375H.

148. Holmes, K.V. (1999). Coronavírus. In: Granoff, A. e Webster, R.G. (eds). Encyclopedia of virology. San Diego: Academic press; pp. 291-298.

149. Holmes, K. V., e S. R. Compton. 1995. Receptores de coronavírus, p. 5571. *Em* S. G. Siddell (ed.), The Coronaviridae. Plenum Press, Nova Iorque, N.Y.

150. Homberger, F.R., Zhang, L., Barthold, S.W.,   1998. Prevalência de

vírus da hepatite enterotrópica e politrópica do rato em colónias de ratos infectados enzooticamente. Lab. Anim. Sci. 48, 50-54.

151. Hong TC, Mai QL, Cuong DV, Parida M, Minekawa H, Notomi T, Hasebe F, Morita K. Desenvolvimento e avaliação de um novo método de amplificação isotérmica mediada por laço para a deteção rápida do coronavírus da síndrome respiratória aguda grave. Journal of Clinical microbiology 2004, 42:1956-1961.

152. House, J.A. (1978). Economia do rotavírus e de outros agentes de doenças neonatais dos animais. *J. Am. Vet. Med. Ass.,* 173: 573-576.

153. Houtman JJ, Fleming JO. Patogénese da desmielinização induzida pelo vírus da hepatite do rato. J Neurovirol. 1996; 2(6):361-76.

154. Huang IC, Bosch BJ, Li F, Li W, Lee KH, Ghiran S, Vasilieva N, Dermody TS, Harrison SC, Dormitzer PR, Farzan M, Rottier PJ, Choe H. O coronavírus SARS, mas não o coronavírus humano NL63, utiliza a catepsina L para infetar células que expressam ACE2. J Biol Chem. 2006; 281(6):3198-203.

155. Huang, J.C.M., Wright, S.L. e Shipley, W.D. (1983). Isolamento de um agente semelhante ao coronavírus de cavalos que sofrem de síndroma de diarreia equina aguda. *Veterinary Record,*

17: 262-263.

156. Hurst KR, Ye R, Goebel SJ, Jayaraman P, Masters PS. An Interaction between the Nucleocapsid Protein and a Component of the Replicase- Transcriptase Complex is Crucial for the Infectivity of Coronavirus Genomic RNA. *J. Virol.,* 84(19): 10276-10288.

157. Huynh J, Li S, Yount B, Smith A, Sturges L, Olsen JC, Nagel J, Johnson JB, Agnihothram S, Gates JE, Frieman MB, Baric RS, Donaldson EF. Evidence supporting a zoonotic origin of human coronavirus strain NL63. J Virol. 2012; 86(23):12816-25.

158. Ismail, M.M., Tang, A.Y. & Saif, Y.M. (2003). Pathogenicity of turkey coronavirus in turkeys and chickens (Patogenicidade do coronavírus do peru em perus e galinhas). Avian Diseases, 47, 515-522.

159. Ito, N.M.K., Miyaji, C.I. & Capellaro, C.E.M.P.D.M. (1991). Estudos sobre o IBV de frangos de corte e o vírus semelhante ao IB da galinha d'angola. In E.F. Kaleta & U. Heffels-Redmann (Eds.), II International Symposium on Infectious Bronchitis (pp. 302-307). Giessen: Universidade Justus Leibig.

160. Jackwood, M.W., Hilt, D.A., Lee, C.W., Kwon, H.M., Callison, S.A., Moore, K.M., Moscoso, H., Sellers, H. e Thayer, S. (2005). Data from 11 years of molecular typing of infectious bronchitis virus field isolates (Dados de 11 anos de tipagem molecular de isolados de campo do vírus da bronquite infecciosa). *Avian Dis,* 49: 614-618.

161. Jactel, B., Espinasse, J., Iso, M. e Valiergue, H. (1990). Estudo epidemiológico da disenteria de inverno em quinze efectivos de França. *Vet. Res. Commun.,* 14(5): 367-379.

162. Jin, L., Cebra, C.K., Baker, R.J., Mattson, D.E., Cohen, S.A., Alvarado, D.E., Rohrmann, F., 2007. Análise da sequência do genoma de um coronavírus de alpaca. Virologia 365, 198-203.

163. Jonassen, C.M., Kofstad, T., Larsen, I-L., Lovland, A., Handeland, K., Follestad, A. & Lillehaug, A. (2005). Identificação e caraterização moleculares de novos coronavírus que infectam gansos cinzentos (Anser anser), pombos selvagens (Columba livia) e patos-reais (Anas platyrhynchos). Jornal de Virologia Geral, 86, 1597-1607.

164. Kan B, Wang M, Jing H, Xu H, Jiang X, Yan M, Molecular evolution analysis and geographic investigation of severe acute respiratory syndrome coronavirus-like virus in palm civets at an animal market and on farms. J Virol. 2005; 79:11892-900.

165. Kapil, S. e Goyal, S.M. (1995). Bovine coronavirus-associated respiratory disease. *Compêndio de Educação Continuada para Veterinários em Exercício,* 17: 1179-81.

166. Kapil, S. e Pomeroy, K.A. (1991). Infeção experimental com um isolado pneumo-entérico virulento do vírus corona bovino. *J. Vet. Diagn. Invest.,* 3: 8889.

167. Kapil, S., Trent, A.M. e Goyal, S.M. (1994). Antibody responses in spiral colon, ileum, and jejunum of coronavirus infected neonatal calves. *Comp. Immun. Microbiol and Infect. Dis.,* 17: 139-45.

168. Keele, B. F., F. V. Heuverswyn, Y. Li, E. Bailes, J. Takehisa, M. L. Saniago, F. Bibollet-Ruche, Y. Chen, L. V. Wain, F. Liegeois, S. Loul, E. M. Ngole, Y. Bienvenue, E. Delaporte, J. F. Y. Brookfield, P. M. Sharp, G. M. Shaw, M.Peeters, e B. Hahn. 2006. Chimpanzee reservoirs of pandemic and nonpandemic HIV-1. Science 131:523-526.

169. Keenan, K.P., Jervis, H.R., Marchwicki, R.H. e Binn, L.N. (1976). Infeção intestinal de cães neonatais com estudos de coronavírus canino por técnicas virológicas, histológicas, histoquímicas e imunofluorescentes. *Am. J. Vet. Res.,* 37: 247-256.

170. Khan, A. e Khan, M.Z.(1991). Aetiopatologia da mortalidade neonatal de vitelos. *J. Islamic Acad. Sci.,*4: 159-165.

171. Kienzle, T. E., S. Abraham, B. G. Hogue e D. A. Brian. 1990. Estrutura e orientação da proteína hemaglutinina-esterase expressa do coronavírus bovino. J. Virol. 64:1834-1838.

172. Kim L., Hayes J., Lewis P., Parwani A.V., Chang K.O. & Saif L.J. (2000). Molecular characterization and pathogenesis of transmissible gastroenteritis coronavirus (TGEV) and porcine respiratory coronavirus (PRCV) field isolates co-circulating in a swine herd. *Arch. Virol.,* 145, 1133-1147.

173. King, B. e Brian, D.A. (1982). Bovine coronavirus structural proteins. *J. Virol.,* 42: 700-707.

174. Klein, D., Kern, A., Lapan, G., Benetka, V., Mostl, K., Hassl, A. e Baumgartner, W. (2008). Evaluation of rapid assays for the detection of bovine coronavirus, rotavirus A and Cryptosporidium parvum in faecal samples of calves. *The Veterinary Journal.* doi: 10.1016/j.tvjl.2008.07.016.

175. Klein, D., Kern, A., Lapan, G., Benetka, V., Mostl, K., Hassl, A. e Baumgartner, W. (2009). Evaluation of rapid assays for the detection of bovine coronavirus, rotavirus A and

Cryptosporidium parvum in faecal samples of calves. *Vet. J.* (2009). 182(3): 484-6.

176. Kocherhans R, Bridgen A, Ackermann M, Tobler K. Completion of the porcine epidemic diarrhea coronavirus (PEDV) genome sequence. Virus Genes. 2001; 23:137-144.

177. Kubo, H., Y. K. Yamada, e F. Taguchi. 1994. Localização de epítopos neutralizantes e do local de ligação ao recetor nos 330 aminoácidos aminoterminais da proteína spike do coronavírus murino. J. Virol. 68:5403-5410.

178. Kuo, S.M., Kao, H.W., Hou, M.H., Wang, C.H., Lin, S.H. e Su, H.L. (2013). Evolução do vírus da bronquite infecciosa em Taiwan: sítios selecionados positivamente na proteína do nucleocapsídeo e seus efeitos na atividade de ligação ao ARN. *Vet. Microbiol.*, 162: 408-418.

179. Kuo, L., e P. S. Masters. 2003. A pequena proteína E do envelope não é essencial para a replicação do coronavírus murino. J. Virol. 77:4597-4608.

180. Lai MM, Cavanagh D. 1997. A biologia molecular dos coronavírus. Adv. Virus Res. 48:1-100.

181. Lai MMC, Holmes KV (2001) Coronaviridae: os vírus e a sua replicação. In: Fields BN, Knipe DM, Howley PM (eds) Fields virology. Lippincott-Raven, Philadephia, pp 1163-1185.

182. Lamm, M.E., Nedrud, J.G., Kaetzel, C.S. e Mazanec, M.B. (1996). New insights into epithelial cell function in mucosal immunity, neutralization of intracellular pathogens and excretion of antigens by IgA. In: Essentials of mucosal immunity, Kagnoff e Kiyano (editores), Nova Iorque, Académico, pp. 141-50: 141-50.

183. Langpap, T. J., Bergeland, M. E e Reed, D. E. (1979). Coronaviral enteritis of young calves: virologic and pathologic findings in naturally occurring infections. *Am. J. Vet. Res.*, 40: 1476-1478.

184. Lapps, W., B. G. Hogue, e D. A. Brian. 1987. Sequence analysis of the bovine coronavirus nucleocapsid and matrix protein genes. Virologia 157: 47-57.

185. Larson, H. E., S. E. Reed, e D. A. J. Tyrell. 1980. Isolamento de rinovírus e coronavírus de 38 constipações em adultos. J. Med. Virol. 5:221-229.

186. Lathrop SL, Wittum TE, Loerch SC, Perino LJ, Saif LJ. Antibody titers against bovine coronavirus and shedding of the virus via the respiratory tract in feedlot cattle. Am J Vet Res. 2000; 61:1057-1061.

187. Lau SK, Li KS, Tsang AK, Shek CT, Wang M, Choi GK, Guo R, Wong BH, Poon RW, Lam CS, Wang SY, Fan RY, Chan KH, Zheng BJ, Woo PC, Yuen KY. Recent transmission of a novel alphacoronavirus, bat coronavirus HKU10, from Leschenault's rousettes to pomona leaf-nosed bats: first evidence of interspecies transmission of coronavirus between bats of different suborders. J Virol. 2012; 86(21):11906-18.

188. Lau SK, Woo PC, Yip CC, Fan RY, Huang Y, Wang M, Guo R, Lam CS, Tsang AK, Lai KK, Chan KH, Che XY, Zheng BJ, Yuen KY. Isolamento e caraterização de um novo coronavírus do subgrupo A do Betacoronavírus, o coronavírus de coelho HKU14, de coelhos domésticos. J Virol. 2012; 86(10):5481-96.

189. Lau, S.K., Lee, P., Tsang, A.K., Yip, C.C., Tse, H., Lee, R.A., So, L.Y., Lau, Y.L., Chan, K.H., Woo, P.C. e Yuen, K.Y. (2011). A epidemiologia molecular do coronavírus humano OC43 revela a evolução de diferentes genótipos ao longo do tempo e a emergência recente de um novo genótipo devido à recombinação natural. *J. Virol.*, 85(21):11325-11337. doi: 10.1128/JVI.05512-11

190. Lau SKP, Poon RWS, Wong BHL, Wang M, Huang Y, Xu H, Guo R, Li KSM, Gao K, Chan K-H, et al. Coexistência de diferentes genótipos no mesmo morcego e caraterização serológica do Rousettus bat coronavirus HKU9 pertencente a um novo subgrupo de Betacoronavirus. J Virol. 2010; 84:11385-11394.

191. Laude, H., Van Reeth, K., Pensaert, M., 1993. Porcine respiratory coronavirus: molecular features and virus-host interactions. Vet. Res. 24, 125-150.

192. Lee, H.K. e Tso, E.Y. (2003). Coronavírus assintomático associado à síndrome respiratória aguda grave. *Emergência em Doenças Infecciosas,* 9: 1491-2.

193. Leroy, E. M., B. Kumulungui, X. Pourrut, P. Rouquet, A. Hassanin, P. Yaba, A. De'licat, J. T. Paweska, J. P. Gonzalez, e R. Swanepoel. 2005. Fruit bats as reservoirs of Ebola virus. Nature 438:575-576.

194. Levis R, C. B. Cardellichio, C. A. Scanga, S. R. Compton, e K. V. Holmes, "Multiple recetor-dependent steps determine the species specificity of HCV-229E infection," *Advances in Experimental Medicine and Biology,* 380: 337-343, 1995.

195. Lewis, L.D. (1978). Pathophysiologic changes due to coronavirus-induced diarrhoea in the calf. *J. Am. Vet. Med. Assoc.,* 178: 636-642.

196. Li W, Zhang C, Sui J, Kuhn JH, Moore MJ, Luo S, et al. Recetor e determinantes virais da adaptação do SARS-coronavírus ao ACE2 humano. EMBO J. 2005;24:1634-43.

197. Lina, B. e Valette, M. (1996). Vigilância das infecções virais adquiridas na comunidade devido a vírus respiratórios em Rhone-Alpes (França) durante o inverno de 1994 a 1995. *J. Clin. Microbiol*, 34: 3007-11.

198. Liu, C., Kukuho, T., et al. (2001). Um ELISA de serodiagnóstico utilizando o antigénio recombinante da nucleoproteína do vírus da gastroenterite transmissível dos suínos. *J. Vet. Med. Sci.*, 63: 1253-1256.

199. Liu, S., Chen, J., Chen, J., Kong, X., Shao, Y., Han, Z., Feng, L., Cai, X., Gu, S. & Liu, M. (2005). Isolamento do coronavírus da bronquite infecciosa aviária de pavão doméstico (Pavo cristatus) e marreco (Anas). Journal of General Virology, 86, 719-725.

200. Loa, C.C., Lin, T.L., Wu, C.C., Bryan, T.A., Hooper, T.A. e Schrader, D.L. (2006). Deteção diferencial do coronavírus do peru, do vírus da bronquite infecciosa e do coronavírus bovino por uma reação em cadeia da polimerase multiplex. J. Virol. Methods, 131(1): 86-91.

201. Ma, G.G. e Lu, C.P. (2005). Dois genótipos do coronavírus canino detectados simultaneamente nas amostras fecais de raposas e cães-guaxinim saudáveis. *Wei Sheng Wu Xue Bao* 45: 305-308.

202. MacNamara, K. C., M. M. Chua, P. T. Nelson, H. Shen e S. R. Weiss. 2005. O aumento das células T CD8_ específicas do epítopo impede a disseminação do coronavírus murino para a medula espinhal e a desmielinização subsequente. J. Virol. 79:33703381.

203. Maeda, J., J. F. Repass, A. Maeda, e S. Makino. 2001. Topologia da membrana da proteína E do coronavírus. Virologia 281:163-169.

204. Mair, T.S., Taylor, F.G.R., Harbour, D.A. e Pearson, G.R.(1990). Infecções simultâneas por cryptosporidium e coronavírus num potro árabe com síndrome de imunodeficiência combinada. *Registo Veterinário,* 10:127130.

205. Marra, M.A., Jones, S.J., Astell, C.R., Holt, R.A., Brooks-Wilson, A.

e Butterfield, Y.S. (2003). A sequência do genoma do vírus corona associado à SRA. *Science.* 300:1 99-1404.

206. Marsolais, G., Assaf, R., Monpetit, C e Marois, P. (1978). Diagnóstico de agentes virais

associados à diarreia dos vitelos. *Can. J. Comp. Med.,* 42: 168171.

207. Martina BE, Haagmans BL, Kuiken T, Fouchier RA, Rimmelzwaan GF, Amerongen G, et al. Infeção do vírus SRA em gatos e furões. Nature. 2003; 425:915.

208. Masters, P. S. 1999. Genética reversa dos maiores vírus de RNA. Adv. Virus Res. 53:245-264.

209. Matsuyama, S., e F. Taguchi. 2002. Alterações conformacionais induzidas pelo recetor da proteína spike do coronavírus murino. J. Virol. 76:11819-11826.

210. Mayr, J., Haselhorst, T., Langereis, M.A., Dyason, J.C., Huber, W., Frey, B., Vlasak, R., de Groot, R.J., von Itzstein, M. (2008). O vírus da gripe C e a esterase do coronavírus bovino revelam um mecanismo catalítico semelhante: novas perspectivas para a descoberta de medicamentos. *Glycoconj J.* 25(5): 393-9.

211. McArdle F, M. Bennett, R. M. Gaskell, B. Tennant, D. F. Kelly, e C. J. Gaskell, "Canine coronavirus infection in cats; A possible role in feline infectious peritonitis," *Advances in Experimental Medicine and Biology,* 276: 475-480, 1990.

212. McIntosh, K. (1974). Coronavírus: uma revisão comparativa. *Cur. Top. Microbial. Immunol.,* 63: 85-129.

213. McNulty, M.S., Bryson, D.G., Allan, G.M., et al., (1984). Infeção por coronavírus do trato respiratório dos bovinos. *Vet. Microbiol.,* 9: 425-434.

214. Mebus, C.A. (1978). Patogénese da infeção coronaviral em vitelos. *J. Am. Vet. Med. Ass.,* 173: 631-632.

215. Mebus, C.A., Stair, E.L., Rhodes, M.B. e Twiehaus, M.J. (1973). Neonatal calf diarrhea: propagação, atenuação e caraterísticas de um agente semelhante ao coronavírus. *Am. J. Vet. Res.,* 34: 145-150.

216. Meulemans, G., Carlier, M.C., Gonze, M., Petit, P. e Vandenbroeck, M. (1987). Incidência, caraterização e profilaxia dos vírus da bronquite infecciosa aviária nefropatogénica. *The Veterinary Record,* 120:205-206.

217. Mitchell JA, Brooks H, Shiu KB, Brownlie J, Erles K. Development of a quantitative real-time PCR for the detection of canine respiratory coronavirus. J Virol Methods. 2009;155(2):136-42.

218. Muniiappa, L., Mitov, B.K., Kharalambiev, Kh.E., 1985. Demonstração da infeção por coronavírus em búfalos. Vet. Med. Nauki. 22, 27-32.

219. Myint, S.H. (1995). Infecções por coronavírus humanos. *Os Coronaviridae. In:* Siddell, S.G. (editor), Nova Iorque: Plenum press, pp: 389-401.

220. Naslund, K., Traven, M., Larsson, B., Silvan, A. e Linde, N. (2000). Sistemas ELISA de captura para a deteção de anticorpos IgA e IgM específicos do coronavírus bovino no leite e no soro. *Vet. Microbiol,* 72:183-206.

221. Navas-Martin SR, Weiss S. Replicação e patogénese do coronavírus: Implicações para o recente surto de síndrome respiratória aguda grave (SARS) e o desafio para o desenvolvimento de vacinas. J Neurovirol. 2004; 10(2):75-85.

222. Nicholls, J. M., L. L. Poon, K. C. Lee, W. F. Ng, S. T. Lai, C. Y. Leung, C.

M .Chu, P. K. Hui, K. L. Mak, W. Lim, K. W. Yan, K. H. Chan, N. C. Tsang, Y. Guan, K. Y. Yuen e J. S. Peiris. 2003. Lung pathology of fatal severe acute respiratory syndrome. Lancet 361:1773-1778.

223. Normile, D. e Enserink, M. (2003). A SRA na China. Seguindo as raízes de um assassino. *Science.* 301: 297-299.

224. Notomi T, Okayama H, Masubuchi H, Yonekawa T, Watanabe K, Amino

N ,et al. Amplificação isotérmica de ADN mediada por laço. Nucleic Acids Res 2000; 28:e63.

225. Ohlson A, Heuer C, Lockhart C, Trâvén M, Emanuelson U, Alenius S. Risk factors for seropositivity to bovine coronavirus and bovine respiratory syncytial virus in dairy herds. Vet Rec. 2010;167(6):201-6.

226. Ortego, J., D. Escors, H. Laude, e L. Enjuanes. 2002. Generation of a replication-competent, propagation-deficient virus vetor based on the transmissible gastroenteritis coronavirus genome. J. Virol. 76:1151811529.

227. Oue Y, Ishihara R, Edamatsu H, Morita Y, Yoshida M, Yoshima M, Hatama S, Murakami K, Kanno T. Isolamento de um coronavírus equino de cavalos adultos com doença pirogénica e entérica e sua caraterização antigénica e genómica em comparação com a estirpe NC99. Vet Microbiol. 2011;150(1-2):41-8.

228. Pan Y, Tian X, Li W, Zhou Q, Wang D, Bi Y, Chen F, Song Y. Isolamento e caraterização de uma variante do vírus da diarreia epidémica porcina na China. Virol J. 2012; 12;9:195.

229. Pantin-Jackwood MJ, Day JM, Jackwood MW, Spackman E. Enteric viruses detected by molecular methods in commercial chicken and turkey flocks in the United States between 2005 and 2006. Avian Dis 2008; 52(2):235e44.

230. Park SJ, Kim GY, Choy HE, Hong YJ, Saif LJ, Jeong JH, Park SI, Kim HH, Kim SK, Shin SS, Kang MI, Cho KO. Dual enteric and respiratory tropisms of winter dysentery bovine coronavirus in calves. Arch Virol. 2007a;152(10):1885-900..

231. Park, S.J., Lim, G.K., Park, S.I., Kim, H.H., Koh, H.B. e Cho, K.O. (2007). Deteção e caraterização molecular do coronavírus bovino da diarreia da vitela que circulou na Coreia do Sul durante 2004-2005. Zoonoses Saúde Pública, 54(6-7): 223-30.

232. Park, SJ, Kim GY, Choy HE, Hong YJ, Saif LJ, Jeong JH, Park SI, Kim HH, Kim SK, Shin SS, Kang MI, Cho KO. Dual enteric and respiratory tropisms of winter dysentery bovine coronavirus in calves. Arch Virol. 2007a; 152(10):1885-900.

233. Parker, S. E., T. M. Gallagher, e M. J. Buchmeier. 1989. Sequence analysis reveals extensive polymorphism and evidence of deletions within the E2 glycoprotein gene of several strains of murine hepatitis virus. Virologia 173:664-673.

234. Parsons, D., Ellis, M.M., Cavanagh, D. e Cook, J.K.A. (1992). Characterisation of an avian infectious bronchitis virus isolated from IB- vaccinated broiler breeder flocks. *The Veterinary Record,* 131: 408-411.

235. Paton, D. e Lowings, P. (1997). Discriminação entre isolados do vírus da gastroenterite transmissível. *Arch. Virol,* 142: 1703-1711.

236. Paton, D.J., Brown, I.H. e Vaz E.K. (1991). Um ELISA para a deteção de anticorpos séricos contra o vírus da gastroenterite transmissível e o coronavírus respiratório dos suínos. *Br. Vet. J.,* 147, 370-372.

237. Payne, H.R. e Storz, J. (1988). Analysis of cell fusion induced by bovine coronavirus infection (Análise da fusão celular induzida pela infeção por coronavírus bovino). *Arch. Virol.,* 103: 27-33.

238. Pensaert MB, de Bouck P. A new coronavirus-like particle associated with diarrhea in swine.

Arch Virol. 1978; 58:243-7.

239. Pensaert MB. Vírus da diarreia epidémica dos suínos. In: Horzinek MC, ed. *Virus Infections of Vertebrates*. Vol.2. Nova Iorque: Elsevier. 1989; 167-176.

240. Perlman S, Netland J. Coronavírus pós-SARS: atualização sobre replicação e patogénese. Nat Rev Microbiol. 2009;7(6):439-50.

241. Pfefferle S, Krahling V, Ditt V, Grywna K, Muhlberger E, et al. (2009) A caraterização genética inversa da deleção genómica natural no quadro de leitura aberta 7b da estirpe Frankfurt-1 do SARS-Coronavírus revela uma função atenuante da proteína 7b in-vitro e in-vivo. Virol J. 6: 131.

242. Pfefferle S, Oppong S, Drexler JF, Gloza-Rausch F, Ipsen A, Seebens A, Müller MA, Annan A, Vallo P, Adu-Sarkodie Y, et al. Distant relatives of severe acute respiratory syndrome coronavirus and close relatives of human coronavirus 229E in bats, Ghana. Emerging Infect Dis. 2009a; 15:13771384.

243. Plummer, P.J., Rohrbach, B.W., Daugherty, R.A., Daugherty, R.A., Thomas, K.V., Wilkes, R.P., Duggan, F.E. e Kennedy, M.A. (2004). Effect of intranasal vaccination against bovine enteric coronavirus on the occurrence of respiratory tract disease in a commercial backgrounding feedlot. *Java J. Am. Vet. Med. Assoc.*, 225: 726-731.

244. Poder SL. Coronavírus felino e canino: Common Genetic and Pathobiological Features.Adv Virol. 2011; 2011: 609465.

245. Poland, A.M., Viennema, H., *et al.* (1996). Two related strains of feline infectious peritonitis isolated from immunocompromised cats infected with feline enteric coronavirus. *J. Clin. Micobiol,* 34: 3180-4.

246. Poon LL, Chu DK, Chan KH, Wong OK, Ellis TM, Leung YH, et al. Identificação de um novo coronavírus em morcegos. J Virol. 2005; 79:2001-9.

247. Poon LL, Wong BW, Chan KH, Ng SS, Yuen KY, Guan Y, Peiris JS. Evaluation of real-time reverse transcriptase PCR and realtime loop- mediated amplifi cation assays for severe acute respiratory syndrome coronavirus detection. J Clin Microbiol 2005a; 43:3457-9.

248. Poutanen, A.M. e McGeer, A.J. (2004). Transmissão e controlo da SRA. *Current Infect .Dis. Rep.,* 6: 220-7.

249. Pratelli, A. (2005). Infeção por coronavírus canino. *Avanços recentes em doenças infecciosas caninas.*

250. Pratelli, A., Elia, G., Martella, V., Tinelli, A., Decaro, N., Marsilio, F., Buonavoglia, D., Tempesta, M. e Buonavoglia, C. (2002). Evolução do gene M do coronavírus canino em cães naturalmente infectados. *Vet. Rec.,* 151: 758-761.

251. Priestnall, S., Brownlie, J., Dubovi, E. e Erles, K. (2006). Prevalência serológica do coronavírus respiratório canino. *Vet. Microbiol.,* 115 (1-3): 43-53.

252. Pusterla, N., Mapes, S., Wademan, C., White, A., Ball, R., Sapp, K., Burns, P., Ormond, C., Butterworth, K., Bartol, J. e Magdesian, K.G. (2013). Surtos emergentes associados ao vírus corona equino em cavalos adultos. Vet. Microbiol., 162(1): 228-231.

253. Pyrc K, Berkhout B, van der Hoek L. Antiviral strategies against human coronaviruses. Infect Disord Drug Targets. 2007; 7(1):59-66.

254. Quan P-L, Firth C, Street C, Henriquez JA, Petrosov A, Tashmukhamedova A, Hutchison SK, Egholm M, Osinubi MOV, Niezgoda M, et al. Identificação de um vírus semelhante ao coronavírus da síndrome respiratória aguda grave num morcego de nariz em folha na Nigéria. MBio. 2010; 1

255. Radostits, O.M., Gay, C.C., Hinchkliff, K.W. e Constable, P.D. (2007). Veterinary Medicine 10th edn. Sounders Company Ltd. Londres, pp. 1286.

256. Rainer, T.H. (2004). Síndrome respiratória aguda grave: caraterísticas clínicas, diagnóstico e tratamento. *Curr. Opin. Pulm. Med.,* 10: 159-65.

257. Reschova, S., Pokorova, D., Nevorankova, Z. e Franz, J. (2001). Anticorpos monoclonais contra o coronavírus bovino e sua utilização em enzimoimunoanálise e imunohromatografia. *Vet. Med. - Czech.,* 46; 125-131.

258. Reynolds, D.J., Chasey, D., Scott, A.C. e Bridger, J.C. (1984). Evaluation of ELISA and electron microscopy for the detection of coronavirus and rotavirus in bovine faeces. *Vet. Record,* 114: 397-401.

259. Reynolds, D.J., Debney, T.G., Hall, G.A., Thomas, L.H. e Parsons, K.R. (1985). Estudos sobre a relação entre os coronavírus dos tractos intestinal e respiratório de vitelos. *Arch. Virol.,* 85: 71-83.

260. Reynolds, D.J., Morgan, J.H., Chanter, N., Jones, P.W., Bridger, J.C., Debney, T.G. e Bunch, K.J. (1986). Microbiology of calf diarrhoea in southern Britain. *Vet. Rec.,* 119: 34-39.

261. Rockx B, Donaldson E, Frieman M, Sheahan T, Corti D, Lanzavecchia A, Baric RS. Escape from human monoclonal antibody neutralization affects in vitro and in vivo fitness of severe acute respiratory syndrome coronavirus. J INFECT DIS. 2010; 201:946-955.

262. Rodak, L., Babiuk, L.A. e Acres, S.D. (1982). Deteção por radioimunoensaio e ensaio imunoenzimático de anticorpos contra o coronavírus em soro bovino e secreções lácteas. *J. Clin. Pathol.,* 16: 34- 40.

263. Rota, P.A., Oberste, M.S., Monroe, S.S., Nix, W.A., Campagnoli, R.

e Icenogle, J.P. (2003). Caracterização de um novo coronavírus associado à síndrome respiratória aguda grave. *Science.* 300: 13941399.

264. Rottier, P.J., Nakamura, K., Schellen, P., Volders, H., Haijema, B.J., 2005. A aquisição do tropismo dos macrófagos durante a patogénese da peritonite infecciosa felina é determinada por mutações na proteína spike do coronavírus felino. J. Virol. 79, 14122-14130.

265. Ruggieri, A., Di Trani, L., Gatto, I., Franco, M., Vignolo, E., Bedini, B., Elia, G. e Buonavoglia, C. (2007). Canine coronavirus induces apoptosis in cultured cells. *Veterinary Microbiology,* 121(1-2): 64-72.

266. Russell, P. H. e Edington, N. (1985). Veterinary Viruses. The Burlington Press (Cambridge) Ltd. Foxton, Cambridge.

267. Saif L.J. & Jackwood D.J. (1990a). Enteric virus vaccines: Considerações teóricas, situação atual e abordagens futuras. *In:* Viral Diarrheas of Man and Animals, Saif L.J. & Theil K.W., eds. CRC Press, Boca Raton, Florida, USA, 313-329.

268. Saif L.J. & Sestak K. (2006). Vírus da gastroenterite transmissível e coronavírus respiratório dos suínos. *In:* Diseases of Swine, Ninth Edition, B.E.Straw *et al.,* eds. Blackwell Publishing, Ames, Iowa, EUA, 489-516.

269. Saif LJ. Bovine respiratory coronavirus. Vet Clin North Am Food Anim Pract. 2010; 26(2):349-64

270. Saif, L. J. 2004. Vacinas contra o coronavírus animal: lições para a SRA. Dev. Biol. 119:129-140.

271. Saif, L.J. (1987). Desenvolvimento de anticorpos nasais, fecais e séricos isotipo-específicos em bezerros desafiados com coronavírus bovino ou rotavírus. *Vet. Immunol. Immunopathol.,* 17: 425-439.

272. Saif, L.J. (1993). Coronavirus immunogens. *Vet. Microbiol,* 37:285-297.

273. Saif, L.J. e Heckert, R.A.(1990). Coronavírus enteropatogénicos. *In:* Viral diarrheas of man and animals, Saif, L.J. and Theil, K.W. (Editors), CRC Press, Boca Raton, FL., pp. 185-252.

274. Saif, L.J., Redman, D.R., Moorhead, P.D. e Theil, K.W. (1986). Infecções por coronavírus induzidas experimentalmente em bezerros: replicação viral nos tratos respiratório e intestinal. *Am. J. Vet. Res.,* 47: 1426-1432.

275. Sainz B Jr, Mossel EC, Gallaher WR, Wimley WC, Peters CJ, Wilson RB, Garry RF. Inibição da infecciosidade do coronavírus associado ao síndroma respiratório agudo grave (SARS-CoV) por péptidos análogos à proteína spike viral. Virus Res. 2006 ; 120(1-2):146-55.

276. Samuel R. Dominguez, Thomas J. O'Shea, Lauren M. Oko, e Kathryn V. Holmes.Deteção de Coronavírus do Grupo 1 em morcegos na América do Norte. Doenças Infecciosas Emergentes - www.cdc.gov/eid - Vol. 13, No. 9, setembro 2007 .

277. Sanchez, C. M., A. Izeta, J. M. Sanchez-Morgado, S. Alonso, I. Sola, M. Balasch, J. Plana-Duran, e L. Enjuanes. 1999. Targeted recombination demonstrates that the spike gene of transmissible gastroenteritis coronavirus is a determinant of its enteric tropism and virulence. J. Virol. 73:76077618.

278. Sanchez, C.M., Jimnez,G., *et al.*   (1990). Homologia   antigénica entre

coronavírus relacionados com o vírus da gastroenterite transmissível. *Virol.,* 174: 410417.

279. Sanchez-Morgado JM, S. Poynter, e T. H. Morris, "Molecular characterization of a virulent canine coronavirus BGF strain," *Virus Research,* vol. 104(1): 27-31, 2004.

280. Sarma, J. D., E. Scheen, S. H. Seo, M. Koval e S. R. Weiss. 2002. Enhanced green fluorescent protein expression may be used to monitor murine coronavirus spread in vitro and in the mouse central nervous system.

J   .Neurovirol. 8:381-391.

281. Sato, K., Inaba, Y., Kurogi, H., Takahashi, E., Satoda, K., Osmodi, T. e Matumoto, M. (1977).

Haemagglutination by calf diarrhoea coronavirus. *Vet. Microbiol.,* 2: 83-87.

282. Schelle, B., N. Karl, B. Ludewig, S. G. Siddell, e V. Thiel. 2005. Replicação selectiva de genomas de coronavírus que expressam a proteína do nucleocapsídeo. J. Virol. 79:6620-6630.

283. Schultze, B., Wahn, K., Klenk, H.D. e Herrler, G. (1991). Isolated He- protein from hemagglutinating encephalomyelitis virus and Bovine coronavirus Has recetor- destroying and recetor-binding activity. *Virol.,* 180, 221-228.

284. Sharma, S. N. e Adlakha, S. C. (2009). Textbook of Veterinary Virology (Manual de Virologia Veterinária). INTERNATIONAL BOOK DISTRIBUTING Co., Lucknow, Utatr Pradesh, ISBN: 81-8189-274-7.

285. Sharpee, R.L., Mebus, C.A. e Bass, E.P. (1976). Caracterização de um coronavírus de diarréia de bezerro. *Am. J. Vet. Res.,* 37: 1031-1041.

286. Sheahan T, Rockx B, Donaldson E, Sims A, Pickles R, Corti D, Baric R. Mechanisms of Zoonotic Severe Acute Respiratory Syndrome Coronavirus Host Range Expansion in Human Airway Epithelium. J Virol. 2008; 82:2274-2285.

287. Shockley LJ, Kapke PA, Lapps W, Brian DA, Potgieter LN, Woods R. Diagnosis of porcine and bovine enteric coronavirus infections using cloned cDNA probes. J Clin Microbiol. 1987; 25(9):1591-6.

288. Siddell, S., Wege, H. e Meulen-Volker, T. (1983). A biologia dos vírus corona. J. Gen. Virol., 64: 761-776.

289. Singh, D.K., Singh, N.P. e Singh, G.K. (1985). Síndrome pneumo-entérica em neonatos bovinos por coronavírus bovino. *Ind. J. Vet. Med.,* 5: 55-57.

290. Small JD, Woods RD. 1987. Relatedness of rabbit coronavirus to other coronaviruses. Adv. Exp. Med. Biol. 218:521-527.

291. Smith, D.R., Nielsen, P.R., Gadfield, K.L. e Saif, L.J. (1998). Further validation of antibody-capture and antigen-capture enzyme-linked immunosorbent assays for determining exposure of cattle to bovine coronavirus. *Am. J. Vet. Res.,* 59: 956-960.

292. Snodgrass, D.R., Terzolo, H.R., Campbell, D., Sherwood, I., Menzies, J.D. e Synge, B.A. (1986). A etiologia da diarreia em vitelos jovens. *Vet. Record,* 119: 31-34.

293. Song HD, Tu CC, Zhang GW, Wang SY, Zheng K, Lei LC, et al. Evolução entre hospedeiros do coronavírus da síndrome respiratória aguda grave em civetas e humanos. Proc Natl Acad Sci U S A. 2005; 102:2430-5.

294. Spaan, W., Cavanagh, D. e Horziner, M.C. (1988). Coronavírus: estrutura e expressão do genoma. *J. Gen. Virol.*, 69: 2939-2952.

295. St. Cyr-Coats, K., Payne, H.R. e Storz, J. (1988). The influence of the host cell and trypsin treatment on bovine coronavirus infectivity (A influência da célula hospedeira e do tratamento com tripsina na infecciosidade do coronavírus bovino). *J. Vet. Med. B,* 35: 752-759.

296. Stair, S.L., Rhodes M.B., White, R.G. e Mebus, C.A. (1972). Diarreia neonatal de vitelo: purificação e microscopia eletrónica de um agente semelhante ao coronavírus. *Am. J. Vet. Res.,* 33: 1147-1156.

297. Stipp DT, Barry AF, Alfieri AF, Takiuchi E, Amude AM, Alfieri AA. Frequência de deteção do BCoV por um ensaio de PCR semi-nested em fezes de bezerros de rebanhos bovinos brasileiros. Trop Anim Health Prod. 2009; 41(7):1563-7.

298. Stoddart CA, J. E. Barlough, C. A. Baldwin, e F.W. Scott, "Attempted immunisation of cats against feline infectious peritonitis using canine coronavirus," *Research in Veterinary Science,* 45(3): 383-388, 1988.

299. Storz, J., Doughri, A.M. e Hajer, I. (1978). Morfogénese coronaviral e alterações ultra-estruturais em infecções intestinais de vitelos. *J. Am. Vet. Med. Assoc.,* 173: 633-635.

300. Storz, J., Rott, R. e Kuluza, G. (1981). Melhoria da formação de placas e fusão celular de um coronavírus enteropatogénico por tratamento com tripsina. *Infect. Immun.,* 31: 1214-1222.

301. Stott, E.J., Thomas, L.H., Bridger, J.C. e Jerbett, N.J. (1976). Replication of a bovine coronavirus in organ cultures of foetal trachea (Replicação de um coronavírus bovino em culturas de órgãos de traqueia fetal). *Vet. Microbiol.,* 1: 65069.

302. Sturman, L. S., e K. V. Holmes. 1977. Caracterização do coronavírus. II. Glicoproteínas do envelope viral: análise de peptídeos trípticos. Virologia 77: 650-660.

303. Subbarao K, McAuliffe J, Vogel L, Fahle G, Fischer S, Tatti K, Packard M, Shieh WJ, Zaki S, Murphy B. A infeção prévia e a transferência passiva de anticorpos neutralizantes impedem a

replicação do coronavírus da síndrome respiratória aguda grave no trato respiratório dos ratos. J Virol. 2004; 78(7):3572-7.

304. Subbarao, K., A. Klimov, J. Katz, H. Regnery, W. Lim, H. Hall, M. Perdue, D. Swayne, C. Bender, J. Huang, M. Hemphill, T. Rowe, M. Shaw, X. Xu,

K .Fukuda, e N. Cox. 1998. Caracterização de um vírus da gripe aviária A (H5N1) isolado de uma criança com uma doença respiratória fatal. Science 279:393-396.

305. Sui J, Li W, Murakami A, Tamin A, Matthews LJ, Wong SK, Moore MJ, Tallarico AS, Olurinde M, Choe H, Anderson LJ, Bellini WJ, Farzan M e Marasco WA. Potent Neutralization of (SARS) Coronavirus by a Human mAb to S1 protein that blocks recetor association. Proc Natl Acad Sci U S A. 2004 ;101(8):2536-41.

306. Sui J, Li W, Roberts A, Matthews LJ, Murakami A, Vogel L, Wong SK, Subbarao K, Farzan M, Marasco WA. Avaliação do anticorpo monoclonal humano 80R para imunoprofilaxia da síndrome respiratória aguda grave através de um estudo em animais, mapeamento de epítopos e análise de variantes de picos. J Virol. 2005 ; 79(10):5900-6.

307. Suzuki, K., Matsuia, Y., Miuraa,Y. e Sentsuia, H. (2008). O coronavírus equino induz a apoptose em células de cultura. Veterinary Microbiology, 129 (3-4): 22.

308. Sylvester, S.A., Dhama, K., Kataria, J.M., Rahul, S. e Mahendran, M. (2005). Vírus da bronquite infecciosa aviária: A review. *Ind. J. Comp. Microbiol. Immunol. Infect. Dis.*, 26: 1-14.

309. Swain, P. e Dhama K. (1999). Calf diarrhea. *Indian Farming,* 48: 25-27.

310. Taguchi, F., P. T. Massa, e V. ter Meulen. 1986. Characterization of a variant virus isolated from neural cell culture after infection of mouse coronavirus JHMV. Virologia 155:267-270.

311. Takamura, K., Matsumoto, Y. e Shimizu, Y. (2002). Estudo de campo da vacina contra o coronavírus bovino enriquecida com antigénio hemaglutinante para a disenteria de inverno em vacas leiteiras. *Canadian J. Vet. Res.,* 66: 278-281.

312. Takeuchi, A., Binn, L.N., Jervis, H.R. e Keenan, K.P. (1976). Estudo microscópico eletrónico da infeção entérica experimental em cães neonatais com um coronavírus canino. *Lab. Invest.,* 34: 539-549.

313. Takiuchi, E., Stipp, D.T., Alfieri, A.F. e Alfieri, A.A. (2006). Deteção melhorada do gene N

do coronavírus bovino em fezes de vitelos infectados naturalmente por um ensaio de PCR semi-nested e um controlo interno. *Journal of Virological Methods,* 131: 148-154.

314. Teixeira MC, Luvizotto MC, Ferrari HF, Mendes AR, da Silva SE, Cardoso TC. Deteção do coronavírus de peru em perus comerciais no Brasil. Avian Pathol 2007; 36(1):29e33.

315. Tennant B J, Gaskell R M, Jones R C, Gaskell C J. Studies on the epizootiology of canine coronavirus. Vet Rec. 1993; 132:7-11.

316. Tennant, B.J., Gaskell, R.M., Kelly, D.F., Carter, S.D., Gaskell, C.J., 1991. Canine coronavirus infection in the dog following oronasal inoculation (Infeção por coronavírus canino no cão após inoculação oronasal). Res. Vet. Sci. 51, 11-18.

317. ter Meulen J, Bakker AB, van den Brink EN, Weverling GJ, Martina BE, Haagmans

BL, Kuiken T, de Kruif J, Preiser W, Spaan W, Gelderblom HR, Goudsmit J,

Osterhaus AD. Human monoclonal antibody as prophylaxis for SARS coronavirus infection in ferrets. Lancet. 2004 ; 363 (9427):2139-41.

318. Terao Y, Takagi H, Phan TG, Okitsu S, Ushijima H. Identificação de anticorpos contra o coronavírus porcino no leite humano. Clin Lab. 2007; 53(3- 4):129-30.

319. Thiel, V., J. Herold, B. Schelle, e S. G. Siddell. 2001. RNA infecioso transcrito in vitro a partir de uma cópia do cDNA do genoma do coronavírus humano clonado no vírus da vaccinia. J. Gen. Virol. 82:1273-1281.

320. Thomas, L.H., Gourlay, R.N., Stott, E.J., Howard, C.J. e Bridger, J.C. (1982). A search for new microorganisms in calf pneumonia by the inoculation of gnotobiotic calves. *Res. Vet. Sci.,* 33: 170-182.

321. Thomas, C.J., Hoet, A.R., Sreevatsan, S., Wittum, T.E., Briggs, R.E., Duff, G.C. e Saif, L.J. (2006). Transmissão do coronavírus bovino e respostas serológicas em vitelos de confinamento em condições de campo. *Am. J. Vet. Res.,* 67: 1412-1420.

322. Torrecilhas, A.C., Faquim-Mauro, E., Da Silva, A.V., Abrahamsohn, I.A., 1999. Interferência da infeção natural pelo vírus da hepatite do rato na produção de citocinas e na suscetibilidade ao Trypanosoma cruzi. Immunology 96, 381388.

323. Torres-Medina, A., Schlafer, D.H. e Mebus, C.A. (1985). Rotaviral and coronaviral diarrhoea.

Vet. Clin. North Am. Food Anim. Prac., 1(3): 471493.

324. Toth, T.E. (1982). Replicação reforçada por tripsina do coronavírus da diarreia neonatal do vitelo em células pulmonares embrionárias bovinas. *Am. J. Vet. Res.,* 43: 967-972.

325. Tresnan DB, R. Levis, e K. V. Holmes, "Feline aminopeptidase N serves as a recetor for feline, canine, porcine, and human coronaviruses in serogroup I," *Journal of Virology,* 70(12): pp. 8669-8674, 1996.

326. Tsunemitsu, H., el-Kanawati, Z.R., Smith, D.R., Reed, H.H., Saif, L.J., 1995. Isolamento de coronavírus antigenicamente indistinguíveis do coronavírus bovino de ruminantes selvagens com diarreia. J. Clin. Microbiol. 33, 3264-3269.

327. Tsunemitsu, H., Smith, D.R. e Saif, L.J. (1999). Experimental inoculation of adult dairy cows with bovine coronavirus and detection of coronavirus in faeces by RTPCR. *Arch Virol,* 144: 167-175.

328. Tsunemitsu, H., Yonemichi, H., Hirai, T., Kudo, T., Onoe, S., Mori, K. e Shimizu, M. (1991). Isolamento do coronavírus bovino a partir de fezes e esfregaços nasais de vitelos com diarreia. *J. Vet. Med. Sci.,* 53: 433-437.

329. Tyrrell, D.A.J., Almeida, J.D. Berry, D.M., Cunningham, C.H., Hare, D., Hofstad, M.S., Mallucci, L. e McIntosh, K. (1968). Coronavírus. *Nature,* 220, 650.

330. Uhde FL, Kaufmann T, Sager H, Albini S, Zanoni R, Schelling E, Meylan M. Prevalência de quatro enteropatógenos nas fezes de bezerros leiteiros diarreicos jovens na Suíça. Vet Rec. 2008; 163(12):362-6.

331. Vabret A, Dina J, Brison E, Brouard J, Freymuth F. Human coronaviruses. Pathol Biol (Paris). 2009; 57(2):149-60.

332. Vabret, A., T. Mourez, S. Gouarin, J. Petitjean, e F. Freymuth. 2003. Um surto de infeção respiratória por coronavírus OC43 na Normandia, França. Clin. Infect. Dis. 36:985-989.

333. Van Balken, J.A.M. De Leeuw, P.W., Ellens, D.J. e Straver. P.J. (1979). Deteção do coronavírus nas fezes de vitelos com um ensaio de hemadsorção-eluição-hemaglutinação (HEHA). *Vet. Microbiol.,* 3: 205-211.

334. Van Elden, L.J., Van Loon, A.M. (2004). Deteção frequente de coronavírus humanos em amostras clínicas de pacientes com infeção do trato respiratório através da utilização de uma

nova reação em cadeia da polimerase com transcriptase reversa em tempo real. *J. Infect. Dis.*, 189: 652-7.

335. Vautherot, J.F. (1981). Ensaio em placa para titulação do coronavírus entérico bovino. *J. Gen. Virol.*, 56: 451-455.

336. Vautherot, J.F., Madelaine, M.F. e Laporte, J. (1990). Análise topológica e funcional de epítopos nas glicoproteínas S(E2) e HE(E3) do coronavírus entérico bovino. *Adv. Exp. Med. Biol.*, 276: 173-179.

337. Vennema, H., G. J. Godeke, J. W. Rossen, W. F. Voorhout, M. C. Horzinek, D. J. Opstelten, e P. J. Rottier. 1996. Nucleocápside-montagem independente de partículas do tipo coronavírus através da co-expressão de genes de proteínas do envelope viral. EMBO J. 15:2020-2028.

338. Vijgen, L., E. Keyaerts, E. Van Damme, W. Peumans, E. De Clercq, J. Balzarini, e M. Van Ranst. 2004. Antiviral effect of plant compounds of the *Alliaceae* family against the SARS coronavirus. A 17ª Conferência Internacional sobre Investigação Antiviral, 2004. Antiviral Res 62: A76, no. 123.

339. Vijgen, L., Keyaerts, E., Lemey, P., Maes, P., Van Reeth, K., Nauwynck, H., Pensaert, M., Van Ranst, M., 2006. Evolutionary history of the closely related group 2 coronaviruses: porcine hemagglutinating encephalomyelitis virus, bovine coronavirus, and human coronavirus OC43. J. Virol. 80, 7270-7274.

340. Vijgen, L., Keyaerts, E., Moes, E., Thoelen, I., Wollants, E., Lemey, P., Vandamme, A.M., Van Ranst, M., 2005. Complete genomic sequence of human coronavirus OC43: molecular clock analysis suggests a relatively recent zoonotic coronavirus transmission event. J. Virol. 79, 1595-1604.

341. Viscide, R., Laughton, B., Hanvanich, M., Bartelett, J. e Yolken. R. (1984). Imunoensaios enzimáticos melhorados para a deteção de antigénios em amostras fecais. Investigação e correção de factores de interferência. *J. Immunol. Methods.* 67: 129-143.

342. Vlasak, R., Luytjes, W., Leider J., Spaan, W. e Palese, P. (1988). A proteína E3 do coronavírus bovino é uma enzima destruidora de receptores com atividade de acetilesterase. *J. Virol,* 62: 4686-4690.

343. Wang, Y., Ma, G., Lu, C. e Wen, H. (2006). Deteção dos genótipos I e II do coronavírus canino em animais da *espécie Canidae* criados na China. Berl. *Munch Tierarztl. Wochenschr.* 119: 35-39.

344. Weiss, S.R., Navas-Martin, S., 2005. Coronavirus pathogenesis and the emerging pathogen severe acute respiratory syndrome coronavirus. Microbiol. Mol. Biol. Rev. 69, 635-664.

345. Wertheim, J.O., Chu, D.K., Peiris, J.S., Kosakovsky Pond, S.L. e Poon,

L.   L. (2013). Um caso para a origem antiga dos coronavírus. *J. Virol.,* 87(12): 7039-7045. doi: 10.1128/JVI.03273-12.

346. Wilson, L., C. McKinlay, P. Gage, e G. Ewart. 2004. A proteína E do vírus corona SARS forma canais iónicos selectivos de catiões. Virologia 330:322-331.

347. Wise, A.G., Kiupel, M., Maes, R.K., 2006. Caracterização molecular de um novo coronavírus associado à enterite catarral epizoótica (ECE) em furões. Virologia 349, 164-174.

348. Woo PC, Wang M, Lau SK, Xu H, Poon RW, Guo R, Wong BH, Gao K, Tsoi H, Huang Y, Li KSM, Lam CSF, Chan K, Zheng B e Yuen K. A análise comparativa de doze genomas de três novos coronavírus dos grupos 2c e 2d revela caraterísticas únicas de grupo e subgrupo. J Virol. 2007;81:1574-85.

349. Woo, P.C., Lau, S.K., Chu, C.M., Chan, K.H., Tsoi, H.W., Huang, Y., Wong, B.H., Poon, R.W., Cai, J.J., Luk, W.K., Poon, L.L., Wong, S.S., Guan, Y., Peiris, J.S., Yuen, K.Y., 2005. Characterization and complete genome sequence of a novel coronavirus, coronavirus HKU1, from patients with pneumonia. J. Virol. 79, 884-895.

350. Woo, P.C., Lau, S.K., Lam, C.S., Lau, C.C., Tsang, A.K., Lau, J.H., Bai, R., Teng, J.L., Tsang, C.C., Wang, M., Zheng, B.J., Chan, K.H. e Yuen, K.Y. (2012). A descoberta de sete novos coronavírus de mamíferos e aves no gênero deltacoronavírus suporta coronavírus de morcego como fonte genética de alfacoronavírus e betacoronavírus e coronavírus aviários como fonte genética de gammacoronavírus e deltacoronavírus. *J. Virol.,* 86(7): 3995-4008. doi: 10.1128/JVI.06540-11

351. Woode, G.N., Bridger, J.C. Hall, G. e Dennis, M.J. (1974). O isolamento de um agente semelhante ao reovírus associado à diarreia em vitelos privados de colostro na Grã-Bretanha. *Res. Vet. Sci.,* 16: 102-106.

352. Woode, G.N., Bridger, S.C. e Meyling, A. (1978). Significance of bovine coronavirus infection (Significado da infeção por coronavírus bovino). *Vet. Rec.*, 102: 15-16.

353. Wu CJ, Chan YL. Aplicações antivirais do RNAi para o coronavírus. Expert Opin Investig Drugs. 2006;15(2):89-97.

354. Yachi, A. e Mochizuki, M. (2006). Survey of dogs in Japan for group 2 canine coronavirus infection (Inquérito a cães no Japão sobre a infeção pelo coronavírus canino do grupo 2). *J. Clin. Microbiol.*, 44(7): 2615-8.

355. Yang, Z. Y., Y. Huang, L. Ganesh, K. Leung, W. P. Kong, O. Schwartz, K. Subbarao e G. J. Nabel. 2004. A entrada dependente do pH do coronavírus da síndrome respiratória aguda grave é mediada pela glicoproteína spike e reforçada pela transferência de células dendríticas através do DC-SIGN. J. Virol. 78:56425650.

356. Yeçilbag, K., Yilmaz, Z., Torun, S. e Pratelli, A. (2004). Canine coronavirus infection in Turkish dog population (Infeção por coronavírus canino na população canina turca). *J. Vet. Med. B Infect. Dis. Vet. Pub. Health* 51: 353-355.

357. Yokomori, K., N. La Monica, S. Makino, C. K. Shieh, e M. M. Lai. 1989. Biossíntese, estrutura e actividades biológicas da proteína do envelope gp65 do coronavírus murino. Virologia 173:683-691.\

358. Yoo, D.W., Parker, M.D., Song, J., Cox, G.J., Deregt, D. e Babiuk L.A. (1991). Análise estrutural dos domínios conformacionais envolvidos na neutralização do coronavírus bovino utilizando mutantes de deleção da subunidade S1 da glicoproteína de pico expressa por baculovírus recombinantes. *J. Virol.*, 183: 91-98.

359. Youn, S., J. L. Leibowitz, e E. W. Collisson. 2005. Os vírus da bronquite infecciosa recombinante, montados in vitro, demonstram que o quadro de leitura aberta 5a não é essencial para a replicação. Virologia 332:206-215.

360. Yount, B., K. M. Curtis, e R. S. Baric. 2000. Estratégia para a montagem sistemática de grandes genomas de ARN e ADN: modelo do vírus da gastroenterite transmissível. J. Virol. 74:10600-10611.

361. Yount, B., K. M. Curtis, E. A. Fritz, L. E. Hensley, P. B. Jahrling, E. Prentice, M. R. Denison, T. W. Geisbert e R. S. Baric. 2003. Reverse genetics with a full-length infectious cDNA of severe acute respiratory syndrome coronavirus. Proc. Natl. Acad. Sci. USA

100:12995-13000.

362. Yount, B., M. R. Denison, S. R. Weiss e R. S. Baric. 2002. Montagem sistemática de um cDNA infecioso completo da estirpe A59 do vírus da hepatite do rato. J. Virol. 76:11065-11078.

363. Yu, X., W. Bi, S. R. Weiss e J. L. Leibowitz. 1994. A proteína do gene 5b do vírus da hepatite do rato é uma nova proteína do envelope do virião. Virologia 202:10181023.

364. Yuen KY, Woo PC, Lau SK. An oral mucosal DNA vaccine for SARS coronavirus infections. Hong Kong Med J. 2009; 15 Suppl 2:41-2.

365. Zhang XM, Herbst W, Kousoulas KG, Storz J. Biological and genetic characterization of a hemagglutinating coronavirus isolated from a diarrhoeic child. J Med Virol. 1994; 44:152-161.

366. Zhang, J.S., Guy, E.J., Snijder, D..A., Denniston, P.J., Timoney e Balasuriya, U.B. (2007). Genomic characterization of equine coronavirus, *Virology*, 369: 92-104.

367. Zhang, Z., Andrews, G.A., Chard-Bergstrom, C., Minocha, H.C. e Kapil, S. (1997). Application of immunohistochemistry and in situ hybridization for detection of bovine coronavirus in paraffin-embeded, formalin-fixed intestines. *J. Clin. Microbiol,* 35: 2964-2965.

368. Zhao Z, Zhang F, Xu M, et al. Descrição e tratamento clínico de um surto precoce de síndrome respiratório agudo grave (SRA) em Guangzhou, PR China. J Med Microbiol 2003; 52:715-20.

Printed by Books on Demand GmbH, Norderstedt / Germany